AF591196

MONOGRAPHIE

DU CINI

(*FRINGILLA SERINUS*, L.)

TRAVAUX ORNITHOLOGIQUES DU MÊME AUTEUR

Monographie du Chardonneret, in-8, 1873. Paris. Prix : 1 fr. 50.

Ornithologie Parisienne ou *Catalogue des Oiseaux sédentaires et de passage qui vivent à l'état sauvage dans l'enceinte de la ville de Paris*, br. in-18, 1874. Paris, J.-B. Baillière, 19, rue Hautefeuille. Prix : 1 fr. 50.

PARIS. — IMPRIMERIE DE E. MARTINET, RUE MIGNON, 2

MONOGRAPHIE

DU CINI

(*FRINGILLA SERINUS*, LINNÉE)

PAR

NÉRÉE QUÉPAT

Membre de la Société Linnéenne de Bordeaux, de la Société d'histoire naturelle de Toulouse, etc.

PARIS

LIBRAIRIE DE J.-B. BAILLIÈRE ET FILS

19, RUE HAUTEFEUILLE, 19

1875

PRÉFACE

Bien que le Cini soit assez commun en France et dans certaines parties de l'Europe, il est cependant peu connu.

Les ornithologistes l'ont observé très-superficiellement (1).

(1) Les articles publiés sur le Cini sont tous fort courts et insignifiants; j'en excepte néanmoins les suivants qui *seuls* offrent un certain intérêt : *Beitrag zur Naturgeschichte von Fringilla Serinus*, von Julius Hoffmann (voy. *Naumannia*, année 1852, zweiter Bandes, drittes Heft, p. 58 à 64).

Zur Naturgeschichte des Girlitz, von Alexander Homeyer, publié dans le *Journal für Ornithologie*, année 1862, pp. 97 et suiv. (Excellent article, le meilleur de tous, sans conteste.)

Noch etwas über den Girlitz, von Carl. Bolle, dans le *Journal für Ornithologie*, année 1862, p. 106 à 110.

Zur Naturgeschichte des Girlitz, von R. Meyer, dans *Offenbacher Verein Naturk.*, 1864, V, 43; 1865, VI, 65.

Parmi les ornithologistes français, je ne puis citer que Bailly, *Ornithologie de la Savoie*, tome III, p. 204 à 210, ainsi que C.-D. Degland, et Z. Gerbe (*Ornithologie Européenne*), auxquels j'ai emprunté une description du Cini qui est un chef-d'œuvre de clarté et d'exactitude.

La monographie que voici restait donc à faire ; j'y ai apporté un soin extrême et je me déclarerai entièrement satisfait si je réussis à intéresser le petit groupe de lecteurs compétents dont j'ambitionne le suffrage.

Enfin, je tiens à remercier un artiste de talent, M. Delahaye, peintre d'histoire naturelle, qui a obligeamment consenti à se charger de l'exécution de la planche coloriée qui complète cette monographie.

NÉRÉE QUÉPAT.

LE CINI

Fringilla Serinus, Linné. *Systema naturæ* (1766), t. I, p. 320.

Serinus, Brisson. *Ornithologie* (1760), t. III, p. 179.

Loxia Serinus, Scopoli. *Annus I. historico nat.*, etc. (1769), p. 205.

Serinus Meridionalis, Brehm. *Handbuch der Naturgeschichte aller Vögel Deutschlands* (1831), p. 255.

Pyrrhula Serinus, Keyserling et Blasius. *Die Wirbelthiere Europa's* (1840), p. 40.

DESCRIPTION (1)

« Bec court (2), conique, renflé, voûté en dessus, » à mandibules d'égale hauteur (3) ; narines basales, » en partie couvertes par les plumes du front ; ailes

(1) Il est impossible de donner du Cini une description plus détaillée et plus exacte que celle de C.-D. Degland et Z. Gerbe ; en conséquence, nous la leur empruntons. — Voy. *Ornithologie Européenne* (2e édition, 1867, 2 vol. in-8°. Paris, J.-B. Baillière), t. I, pp. 285 et 286.

(2) Longueur : 6 millimètres trois quarts.

(3) La hauteur de chaque mandibule prise à sa base est de 3 millimètres.

» médiocres (1), obtuses ; queue moyenne (2), échan-
» crée ; tarses de la longueur du doigt médian (3).

» Croupion jaune ; sous-caudales blanches ; une » double bande transversale sur l'aile ; nuque jaunâtre, » mélangée de verdâtre.

» Taille : $0^{m},11$ à $0^{m},12$.

» *Mâle au printemps.* — Parties supérieures olivâtres, » avec des taches longitudinales noires, le vertex, une » sorte de demi-collier au bas du cou et le croupion » jaune jonquille ; gorge, poitrine, abdomen d'un » jaune jonquille verdâtre ; bas-ventre et sous-caudales » blancs ; flancs rayés longitudinalement de brun ; » bande sourcilière jaune ; joues et côtés du cou ver- » dâtres, variés de cendré et de jaunâtre ; ailes pareilles » au manteau avec deux petites bandes transversales » jaunâtres ; remiges et rectrices brunes, bordées de » verdâtre ; bec brun de corne en dessus, blanchâtre » en dessous ; pieds et iris bruns.

» Le *plumage d'automne*, par suite du renouvelle- » ment des plumes, a des teintes moins pures et mé- » langées, presque partout, d'un cendré jaunâtre, qui » disparaît au printemps par l'usure des plumes.

» *Femelle.* — Elle a moins de jaune dans le plu- » mage (4), plus de noir en dessus, et plus de taches » brunes en dessous (5).

(1) L'aile déployée entièrement et bien tendue mesure 8 centimètres et demi.

(2) Longueur de la queue : 5 centimètres.

(3) Soit : 15 millimètres.

(4) Notamment au vertex, à la gorge, à la poitrine et surtout au croupion ; en outre, le jaune de la femelle est d'une coloration moins pure que celui du mâle, il semble saupoudré de verdâtre.

(5) Elle est aussi un peu plus petite que le mâle.

» *Jeunes avant la première mue.* — Ils sont variés de » gris et de verdâtre, avec des traits bruns allongés. »

DISTRIBUTION GÉOGRAPHIQUE

L'aire de dispersion du Cini est moins étendue que celle de la plupart des autres oiseaux du même groupe.

Elle est limitée à l'ouest, par le sud de l'Angleterre, la Belgique, la Hollande ; au nord par le Danemark, la Poméranie, le Brandebourg, la Silésie ; à l'est, par la Hongrie, la Russie centrale (1), la Carniole, la Bessarabie, la Transylvanie (2), la Bulgarie ; au sud, par la Turquie, la Palestine, l'Égypte, l'Algérie, le Maroc, les îles Açores. Rarement le Cini s'aventure au delà de ces contrées, même à l'époque de sa migration.

Et, en outre, il n'habite l'extrême Midi que pendant l'hiver ; sa véritable patrie est la partie tempérée de l'Europe, tandis que presque tous les passereaux habitent l'Écosse, l'Irlande, la Norvége, la Suède, la Finlande, les côtes russes de la Baltique. Cette différence n'a cependant rien d'extraordinaire, car ce sont des nécessités de température et plus encore de nour-

(1) Dwigubsky (Joan.) le dit rare aux environs de Moscou où il habite les jardins fruitiers. — Voy. *Primitiæ Faunæ Mosquensis, seu Enumeratio animalium quæ sponte circa Mosquam vivunt.* Moscou, 1802, in-8°, p. 36.

(2) D'après Bielz (E.-Albert), il est excessivement rare en Transylvanie et n'y a été vu qu'une fois. — Voy. *Fauna der Wirbelthiere Siebenbürgens.* Hermanstadt, 1856, in-8°, p. 86.

riture qui restreignent ainsi l'aire de dispersion du Cini. Quoique robuste, il a besoin d'un climat doux et uniforme; il craint les brusques changements de temps, les perturbations atmosphériques et redoute également les ardeurs du soleil et les brises trop fraîches. Enfin, il se nourrit exclusivement d'une multitude de petites graines qui n'abondent que dans les vignobles et les vergers, lesquels ne dépassent point (au nord, du moins) les pays que je viens d'énumérer.

On trouve le Cini en Hollande (1), où toutefois il ne paraît qu'accidentellement, ainsi qu'en Angleterre (2)

(1) Temminck (J.-C.), *Manuel d'ornithologie*, 1820, in-8°. — Voy. t. I, p. 357.

(2) Ce n'est qu'avec une extrême réserve qu'on doit admettre le Cini dans la faune de l'Angleterre. M. Cecil Smith, le seul des ornithologistes anglais qui en ait parlé, exprime ainsi ses doutes : « I have considerable doubt about the propriety of including this bird in the Somersetshire list : I do so, however, on the authority of one specimen which was killed in Taunton, in January or February, 1866 : it was shown to me by M. Haddon, of that town, on the 31 st. of March, after it had been stuffed and put into a case. I then had some doubt as to the identity of the bird : it struck me at the time as so like a cross between the Siskin and the Canary as scarcely to be distinguished from it and I thought it might be some escaped pet, as it was shot while feeding with some Sparrows in a back garden in the town. I have, however, seen it since; in the very fine collection of M. Byne at Bishop's Hull and compared it with the description of the Serin Finch given by M. Newman, in his edition of Montagus Dictionary, with which it agrees so nearly that I do not think it would be right to omit all notice of the capture, though it is still possible it may be an escaped prisoner. The Serin finch is an inhabitant of the South of Europe : it is very common in the South of France, and a few instances of its capture in Britain are recorded in the « Zoologist » although it had escaped the notice of Yarrell and other writers on British ornithology. » Extrait de *The Birds of Somersetshire* by Cecil Smith. London, 1869, in-12 ; voy. pp. 180-181.

et en Belgique (1) ; dans le duché de Luxembourg (2) ; à l'île d'Helgoland (3) ; dans le Schleswig (4) ; en Allemagne (5), où il habite la vallée du Rhin, la Bavière (6),

(1) Sélys Longchamps (Edm. de), *Faune Belge*. — Bruxelles, 1842, in-8°. « Très-rare et accidentellement dans la vallée de la Meuse », p. 79.

F. Faber prétend que le Cini habite l'Islande et y niche « Il est remarquable, dit-il, que cet oiseau propre à l'Europe et qui ne se trouve pas en Suède, pousse quelquefois jusqu'en Islande où il niche. J'en ai tué un près de Husavik le 12 septembre 1819 » (voy. *Prodromus der Islandischen ornithologie oder Geschichte der Vögel Islands*. 1822, in-8°, p. 14). Nous n'osons nier l'affirmation de Faber, mais il nous semble extraordinaire que le Cini, qui est très-rare en Angleterre et peu commun en Danemark, habite l'Islande et y niche. D'ailleurs, Faber se montre beaucoup moins affirmatif dans une note publiée dans l'*Isis*, année 1824, p. 792.

(2) La Fontaine (Alphonse de), *Faune du pays du Luxembourg*. Luxembourg, 1865, in-8°. Oiseaux. Ire partie. Voy. p. 114-115 : « Le Cini ne nous visite qu'en petit nombre, par couples isolés ou par familles... La vallée de Rœser et celle de la Syre sont, à ma connaissance, les seuls lieux où annuellement quelques couples se propagent. »

(3) Naumann l'indique, sans donner de détails, comme étant de passage à Helgoland (voy. *Rhea-Zeitschrift für die gesammte ornithologie*, etc. Leipzig, 1846, in-8°, p. 23) : *Uber den vogelzug mit besonderer hinficht auf Helgoland*.

(4) D'après Kjarbolling, on le rencontre parfois dans le Schleswig : « Bei Flensburg, überhaupt im Schleswig'schen, mehrmals gefangen und erlegt » (voy. p. 45). *Naumannia*, année 1850 : *Verzeichniss der in Dänemark vorkommenden weniger gewöhnlichen und seltenen Vögel* von N. Kjarbolling.

(5) Voy. Naumann : *Naturgeschichte der Vögel Deutschlands*. Tome V, 1826, in-8°, p. 114 et suiv. — Gloger (C.-L.) : *Naturgeschichte der Vögel Europas*. Breslau, 1834, in-8°, p. 329 et suiv. — Borggreve (B.) : *Die Vögel Fauna von Norddeutschland*. Berlin, 1869, in-8°, pp. 74-75.

(6) Jackel, *Ornithologischer Jahresbericht aus Bayern*. — Voy. *Naumannia*, année 1857, t. VII, p. 377, et *Journal für ornithologie*, année 1854, t. II, p. 263; voy. encore Koch (K.-L.) *System der Baierischen Zoologie*. Nurnberg, 1816, in-12, pp. 228 et 229.

la Silésie (1), la Marche de Brandebourg (2), la Lusace supérieure (3), diverses parties de la Forêt Noire (4), les environs des villes de Neuwied (5), de Francfort-sur-le-Mein (6), d'Offenbach (7) (Saxe), et de Coeslin (8) en

(1) Homeyer (Alex.), *Zusatze und Berichtigungen zu Dr B. Borggreve's werk : « Vögel Fauna von Norddeutschland. »* — Voy. *Journal für ornithologie*, 1870, t. I de la 3e série, pp. 221-222; — voy. encore d'Homeyer l'article int. : *Streifereien über die böhmisch-schlesischen Grenzgebirge* dans le *Journal für ornithologie*, année 1865, t. XIII, p. 356. — Le Cini habite aussi la Silésie autrichienne, d'après Albin Heinrich. Voy. *Mährens and K.-K. Schlesiens, Fische, Reptilien and Vögel.* Brünn, 1856, in-8o, p. 94.

(2) Il est rare dans ce pays. « Nur selten vorkommend. » Voy. p. 189 du *Journal für ornithologie*, année 1855, l'art. de Carl Vangerow, int. : *Versuch einer Uebersicht der Vögel der Mark.*

(3) Tobias (Robert), *Verzeichniss der in der Oberlausitz vorkommenden Vögel.* « Wohl nur sehr einzeln. Doch scheint er die vorberge alljahrlich zu bewohnen. Da er gewohnlich im Mai und paarweis gefangen wird, mag er wohl da brüten. » *Naumannia*, année 1851. (Viertes Heft), p. 65.

(4) Homeyer (Alexander), *Zusatze und berichtigungen zu Bernhard Borggreve's werk : « Vögel Fauna von Norddeutschland. »* Voy. *Journal für ornithologie*, année 1870, p. 221 et 222. Le Cini est commun autour de Carlsruhe et de Fribourg en Brisgau. Voy. *Beitrage zur Rheinischen Naturgeschichte*, publié par la Société d'encouragement des Sc. Nat. de Fribourg en Brisgau, 1849, in-8o (erster Jahrgang, erstes Heft), p. 70.

(5) Brahts (F.-P.), *Vögel Fauna von Neuwied* (voy. *Naumannia*, année 1855, p. 355), nous dit qu'il est commun à Neuwied : « Gemein und haüfig brütend in den Stadtgarten, um die Dorfer, besonders da, wo es viel obstbaüme und weiden gibt. »

(6) Homeyer (Alexander) *Frühjahrszug und Notizen über einige Vögel bei Frankfurt*, A. M. *Naumannia*, année 1858 (erstes Heft), p. 146. Voy. aussi *Zur Naturgeschichte des Girlitz* (ci-dessous) où il nous apprend que le Cini est très-commun à Francfort.

(7) « A Offenbach, dit Homeyer, il est également très-répandu, mais en petit nombre. » Voy. *Zur Naturgeschichte des Girlitz* dans le *Journal für ornithologie*, année 1862, p. 97 et suiv.

(8) Hintz (W.), *Ornithologischer Jahresbericht über die Ankunft und den Herbstzug der Vögel nebst Bemerkungen über ihre Brute-*

Poméranie; dans les différentes provinces de l'Autriche (1) : la Thuringe (2), la Styrie (3), le Tyrol (4), la Hongrie (5), la Bohême (6) ; en France (7) ; en Suisse, notamment autour de Genève (8), de Bâle (9),

zeit im Jahre 1867 *in der Umgegend von Schlosskampen bei Cöslin in Pommern.* « 20 april 0+5, 7.5, ein Flug von ca 50; den 30. 2 parchen », p. 393 du *Journal für ornithologie*, année 1868.

(1) Bien que le Cini soit assez commun en Autriche, il est rare cependant dans certaines localités, par exemple aux environs de Salzbourg. Voy. *Ornithologische Mittheilungen aus œsterreich* von V. Ritter, V. Tschusi-Schmidhofen, dans : *Journal für ornithologie*, année 1872, p. 132.

(2) Speerschneider (J.) *Vergleichende Aufzählung der auf dem S. O. Thüringer Walde und der in der Umgegend von Schlotheim in N.-W. Thüringen vorkommenden Vögel* : « Fringilla Serinus-ist allerdings eine seltene Erscheinung doch schon vorgekommen sowohl hier wo er glaubwürdigen Versicherungen nach, früher haüfiger als gegenwartig gewesen sein soll, als auch bei Blankenburg. » *Naumannia*, année 1854, p. 190.

(3) Seidensacher (E.) *Die Vögel der Steiermark.* « Ist Zugvogel und Kommt überall gegendweise recht Zahlreich nistend vor. Er legt in den letzten Tagen des April oder im Mai das erste Mal, im Juli oft erst das dritte, Mal wenn ihm eine Brut zerstort wird », p. 484. *Naumannia*, année 1858 (Viertes bis sechstes Heft).

(4) Althammer (Luigi) *Verzeichniss der bis jetzt in Tyrol beobachteten Vögel. Naumannia*, année 1857, p. 400.

(5) Lobenstein (le baron) *Ornithologische notizen gesammelt auf einer Reise in Ungarn im Jahre*, 1840, voy. p. 15 de la *Naumannia*, année 1850 (drittes Heft).

(6) Il est commun dans l'est de la Bohême, à Turnau, Jicin, Frauenberg, Koniggratz, etc. Voy. *Die Vögel Böhmens*, par Ant. Fritsch, p. 309 du *Journal für ornithologie*, année 1871.

(7) Voyez plus loin.

(8) Mallet (Édouard), *Note sur quelques espèces d'oiseaux récemment trouvés aux environs de Genève*, dans : *Mémoires de la Société de physique et d'histoire naturelle*, tome VIII, 1839, in-4° « Fring. Serinus. Très-commun dans nos environs, niche sur les arbustes », p. 114.

(9) Schinz, (H.-R.) Voy. *Fauna Helvetica*, dans les *Nouveaux mémoires de la Société helvétique des sciences naturelles.* 1837.

dans le Valais (1), les Grisons (2), au mont Jorat (3); en Italie (4) : à Naples (5), à Rome (6), à Ravenne (7), en Lombardie (8), en Piémont (9); en Sardaigne (10); en Turquie (11); en Bulgarie (12); dans la Bessara-

t. I, p. 82 et 83. « Bei Aarau Schinznach und Basel ist er ebenfalls haüfig. »

(1) *Lettre sur le Valais*, etc., avec une Notice des productions naturelles les plus remarquables qu'il renferme, par Eschassériaux, 1806, in-8°, p. 120.

(2) Tschudi (F.), *Monde des Alpes*, 2e édit., 1870, gr. in-8°. « Le Cini se rencontre en assez grande quantité dans quelques vallées bien exposées des Grisons » (p. 126).

(3) Razoumowsky (le comte G. de), *Histoire naturelle du Jorat et de ses environs*, 1789, 2 vol. in-8°, voy. t. I, p. 82, un passage assez obscur, mais qui, néanmoins, se rapporte au Cini.

(4) Bonaparte (le prince Charles), *Iconografia della Fauna Italica*. Roma, 1832-41, 1 vol. in-folio, voy. t. I, l'art. de 3 pages 1/2 consacré au Cini. (Les pages du volume ne sont pas numérotées.)

(5) Costa (G.), *Fauna del regno di Napoli*. Naples, 1857, in-4°, voy. p. 44.

(6) Gilij (Aloysius), *Agri Romani Historia naturalis, tres in partes divisa*. Tomus I, ornithologie, Rome, 1781, in-8°, voy. pp. 116-117, et planche 18, fig. n° 1.

(7) Zinnani (Giuseppe), *Delle Uova e dei nidi degli Uccelli*. Ravennate, in Venezia, 1737, in-4°, voy. p. 62.

(8) Bettoni (Eug.), *Storia naturale degli uccelli che nidificano in Lombardia* (1). Milano, 1865-1868, 2 vol. in-folio (avec magnifiques planches). Voy. t. I, « Serinus Meridionalis-non commune, emigrante. Nidifica. » (Les pages de cet ouvrage ne sont pas numérotées.)

(9) Bonelli (Franc.-André), *Catalogue des oiseaux du Piémont*, dans « *Annales de l'Observatoire de l'Académie de Turin* », année 1811, 2e semestre, voy. p. 272.

(10) Cara (G.), *Elenco degli Uccelli che trovasi nell'Isola di Sardegna od ornitologia Sarda*. Turin, 1842, in-8°. « Di passaggio annuale in primavera », p. 82.

(11) Elwes (J.) et Buckley (T.-E.), *A list of the Birds of Turkey*. « Not uncommon. » Voy. *The Ibis, a Quaterly Journal of ornithology*. Londres, année 1870 (vol. 6, new series), p. 193.

(12) Finsch (Otto), *Beitrage zur ornithologischen Fauna von Bul-*

(1) On trouve aussi le Cini à Côme et dans tout ce pays. Voy. *Ornitologia Comense*, par Monti. — Como, 1845, in-12. « Nidifica nei siti di monte questo bell'uccellino. D'inverno circa climi più caldi », p. 28.

bie (1), la Carniole (2); à l'île de Malte (3); à Smyrne (4); en Palestine même (5), au Sinaï (6); en Sicile (7); aux îles Açores (8); en Algérie (9), où il est indiqué à tort comme assez rare par M. Malherbe, car

garien, dans le *Journal für ornithologie*, année 1859. « Nicht sehr haüfig (pas très-commun) », p. 384.

(1) Nordmann, *Catalogue raisonné des oiseaux de la Faune Pontique*, dans le tome III (1840, in-4°) du *Voyage dans la Russie méridionale et la Crimée, exécuté en 1837, sous la direction de M. Anatole Démidoff.* « N'est pas rare dans la Bessarabie », p. 184.

(2) Seidensacher (Edouard), *Erscheinungen in der vogelwelt bei Neustadtl in Krain*, dans le « *Journal für ornithologie* », année 1860, p. 313.

(3) Schembri (Antonio), *Catalogo ornitologico del Gruppo di Malta*. Malta, 1843, broch. in-8°. « Nelle epoche delle loro, passe che succedono nei mesi di ottobre a tutto l'inverno, riempiono le nostre campagne », p. 69. Voy. encore : Wright (Charles-A.), *List of the Birds observed in the islands of Malta and Gozo*, dans l'*Ibis*, année 1864, p. 51. « Very common in october, and stays the winter. »

(4) Nordmann dit qu'il est commun près de Smyrne, où l'on assure, ajoute-t-il, qu'il passe l'hiver. *Cat. des ois. de la Faune Pontique*, p. 184.

(5) Tristram (*On the ornithology of Palestine*) (*Ibis*, année 1868, vol. 4, new series), p. 207; il mentionne le Cini à côté du Serinus aurifrons.

(6) Wyatt (C.-W.), *On the Birds of Sinai*, in *Ibis*, année 1870 (vol. 6, new series), p. 16. « Occurs on the plain of Er-Rahah; not common. »

(7) Malherbe (Alfred), *Faune ornithologique de la Sicile*. Metz, 1843, in-8°, voy. p. 123. « Le Cini est très-commun en Sicile pendant l'hiver dans tous les jardins, les champs et les haies, mais au printemps, il émigre vers les contrées les plus tempérées et devient excessivement rare dans l'île. »

(8) Drouet (Henri), *Éléments de la Faune Açoréenne*. Paris, J.-B. Baillière, 1861, 1 vol. in-4°. « Le Cini est extrêmement abondant aux Açores et peut, sous le rapport des dégâts, être comparé à notre moineau commun », p. 116.

(9) Malherbe (Alfred), *Faune ornithologique de l'Algérie*. Metz, 1855, in-8°, voy. p. 20.

on le rencontre fréquemment dans le nord-est de l'Afrique (1); à Alger (2), à Constantine (3), à Bône.

On trouve encore le Cini en Égypte (4); au Maroc (5); en Portugal (6), dans l'Estramadure (7); en Espagne,

(1) Heuglin (Th.-V.) *Synopsis der Vögel Nord-ost Afrikas, des Nilquellengebietes und der Küstenlander des Rothen-Meeres*, dans le *Journal für ornithologie*, année 1868 (t. 4 de la 2e série), voy. pp. 93-94. « Wir fanden unseren europaischen Girlitz mehrere Male im Monat Marz im Delta und unfern Cairo in Paaren und kleinen Gesellschaften auf Hecken. Die Mannchen sangen bereits. »

(2) Loche (le capitaine), *Catalogue des mammifères et des oiseaux observés en Algérie*. Paris, 1858, in-8°. « Le Cini habite la province d'Alger », pp. 57-58.

(3) Labouysse (le Dr Alain), *Lettre sur les oiseaux de la partie littorale de la province de Constantine*, dans les *Annales des sciences physiques et naturelles, d'agr. et d'industrie* publiées par la Société impériale d'agriculture de Lyon, deuxième série, tome V, année 1853. « Le Cini est commun près de Bône », p. 15.

Voy. encore : Taczanowski (L.), *Uebersicht der Vögel die in Algerien provinz Constantine, während der Reise von Ende november 1866 bis ende april 1867* dans le *Journal für ornithologie*, année 1870, p. 51. « Sehr gemein im ganzen Berglande, und auf den Wüstenoasen, die Mannchen singen den ganzen Winter durch. »

(4) Shelley (G.-E.), *A Handbook to the Birds of Egypt*. London, 1872, in-8°, voy. p. 154; il se borne simplement à rapporter ce que dit Heuglin, cité ci-dessus.

(5) Carstensen, *Verzeichniss der in der Umgegend von Tanger und im nördlichen Fez vorkommenden Vögel*, dans la *Naumannia*, année 1852 (zweiten Bandes, erstes Heft), voy. p. 78.

(6) Smith (A.-C.), *A Sketch of the Birds of Portugal*, dans l'*Ibis*, année 1868 (vol. 4, new series). « Very common in flocks on the plains and dry banks », p. 445.

(7) Rey (Eugène), *Zur ornis von Portugal*, dans *Journal für ornithologie*, année 1872 (t. III de la 2e série). « Fringilla Serinus. In Estremadura ungemein haüfig brütend. Die meisten Nester standen in den Spitzen der pinien, andere auf korkeichen. Schon am 12 Marz fand ich hier ausgeflogene Junge, und Nester in allen Stadien der vollendung bis zu meiner Abreise », p. 153.

où il abonde autour de Santiago (1), ville de la Galice, et dans la province de Murcie (2).

En France, il est répandu sur tout le territoire, mais très-inégalement. Il est commun en Provence (3), dans les départements du Var (4), du Gard (5), des Bouches-du-Rhône (6), de Vaucluse (7); dans les Alpes-Maritimes (8); en Savoie (9), en

(1) Naceyro (D. Francisco de Los Rios), *Catalogo de las aves observadas en las cercanias de Santiago* y otros puntos de Galicia. Madrid, 1850, brochure in-4°. « Sedentario. Comun en las cercanias de Santiago », p. 106.

(2) Brehm (Dr Reinhold), *Ornithologische Beobachtungen aus der Provinz Murcia*, dans *Naumannia*, année 1858 (Drittes Heft), voy. p. 232.

(3) Roux (P.), *Ornithôlogie provençale*, 1825, in-4°, voy. p. 145 et suiv.

Jaubert (J.-B.) et Barthélemy-Lapommeraye, *Richesses ornithologiques du midi de la France*, 1859, in-4°, voy. pp. 117 et 118. Gerbe (Z.). Voy. *Dictionnaire universel d'histoire naturelle* (publié sous la direction d'A. d'Orbigny), tome XI, 1848, p. 562, 2e colonne.

(4) Pellicot (A.), *Des oiseaux voyageurs et de leurs migrations sur les côtes de la Provence*. Toulon, 1872, in-8°. « Ce petit oiseau passe en bandes voyageuses dès la fin de septembre; un grand nombre demeurent sédentaires en hiver », p. 96.

(5) Crespon (J.), *Faune méridionale*. Nîmes, 1844, 2 vol. in-8°, voy. t. I, pp. 273-274.

(6) Villeneuve (le comte de), *Statistique du département des Bouches-du-Rhône*. Marseille, 1821, voy. t. I, p. 815.

(7) Merle (Alphonse de), *Traité de la chasse aux filets pour le département de Vaucluse et les pays circonvoisins*. Carpentras, 1852, in-8°, voy. pp. 93, 94, 95.

(8) Risso (Ant.), *Histoire naturelle des principales productions de l'Europe méridionale et particulièrement de celles des environs de Nice et des Alpes-Maritimes*, 1826, 5 vol. in-8°, voy. t. III, p. 54. « De passage; apparaît en janvier — hivers rigoureux, — départ en février. »

(9) Bailly (J.-B.), *Ornithologie de la Savoie*, 1853, 4 vol. in-8°, voy. t. III, pp. 204, 205 et suivantes.

Dauphiné (1); dans les Pyrénées orientales (2).

Il habite encore les départements de l'Aude (3), de l'Ariége (4), du Gers (5), de l'Hérault (6), des Hautes-Pyrénées (7), du Tarn (8), du Tarn-et-Garonne (9), de

(1) Bouteille (Hippolyte) *Ornithologie du Dauphiné*, 1843, 2 vol. in-8°, voy. t. I, p. 345. Gueymard, Charvet, Pilot, *Statistique générale du département de l'Isère*, 1844-47, 4 vol. in-8°, voy. t. II, p. 225.

(2) Companyo (le Dr Louis), *Histoire naturelle du département des Pyrénées-Orientales*. Perpignan, 1861-1864, 3 vol. in-8°, voy. t. III. « Sédentaire dans nos montagnes, où il se reproduit », p. 168.

(3) Voyez pour ce département et les sept qui suivent le remarquable travail de M. Adrien Lacroix int. : *Catalogue raisonné des oiseaux observés sur le versant français des Pyrénées et la région comprenant les départements de l'Aude*, etc. (voy. ci-dessus) dans le *Bulletin de la Société d'histoire naturelle de Toulouse*. Ce catalogue, commencé en 1872, n'est pas encore terminé, mais il va l'être et sera publié à part chez J.-B. Baillière, à Paris. L'article concernant le Cini se trouve dans le premier fascicule (février 1874) du *Bulletin de la Société d'hist. nat. de Toulouse*, pp. 72-73. Nous en extrayons les renseignements que voici :

(Aude). « De passage en automne et au printemps. Très-commun. Ne niche que rarement. »

(4) « Se reproduit sur les montagnes, descend dans les vallées et plaines à l'approche de l'hiver. Très-commun; niche régulièrement. » (1).

(5) « De passage seulement en automne et au printemps. Peu commun. Ne niche pas. »

(6) « Il en arrive en grande quantité en automne qui hivernent; ils repartent au printemps; une partie reste l'été pour se reproduire. Très-commun. Niche régulièrement. »

(7) « Il se reproduit sur les montagnes à mi-hauteur; en automne, il descend dans la plaine. Très-commun. Niche régulièrement. » (2).

(8) « De passage pendant les mois d'octobre, mars et avril. Peu commun. Ne niche pas. »

(9) « On ne voit cette espèce que pendant les passages d'automne et du printemps. Peu commun. Ne niche pas. »

(1) Voy. *Annales agricoles, litt. et industr. de l'Ariége*, t. I, années 1833-37, p. 325.

(2) Voy. encore *Mémoires pour servir à l'histoire naturelle des Pyrénées et des pays adjacents*, par Palassou. Pau, 1815, in-8°, pp. 237-248.

la Haute-Garonne (1), des Landes (2), de la Gironde (3), du Puy-de-Dôme (4), de la Charente-Inférieure (5), de la Loire-Inférieure (6), de la Vendée (7), du Morbihan (8),

(1) « En automne, il gagne la basse plaine de Toulouse, qu'il abandonne à l'arrivée du froid; il nous revient en avril pour regagner ses montagnes favorites (des Pyrénées). » Picot Lapeyrouse mentionne aussi le Cini dans son Catalogue (très-incomplet et négligé) publié en l'an VII sur les mammifères et oiseaux de la Haute-Garonne.

(2) Dubalen (P.-E.), *Catalogue critique des oiseaux observés dans les départements des Landes, des Basses-Pyrénées*, etc., 1872, in-8° (chez J.-B. Baillière, Paris, et chez l'auteur, 72, rue d'Espagne, à Bayonne). « De passage régulier au printemps et en automne. Commun », p. 20.

(3) Docteur (A.), *Catalogue des oiseaux du département de la Gironde*, dans les *Actes de la Société Linnéenne de Bordeaux*, tome XXI (3e série, t. I), 1856, in-8°. « Assez rare; sédentaire et de double passage. Habite les forêts de pins », p. 159.

(4) Chalaniat (E. de), *Catalogue des oiseaux qui ont été observés en Auvergne*. Clermont-Ferrand, 1847, in-8°. « Obs. Été. Rare. Observé par M. Culhat. Porté sur son Catalogue », p. 74.

(5) Beltrémieux (Edouard), *Faune du département de la Charente-Inférieure (extrait des Annales de l'Académie de La Rochelle)*. La Rochelle, 1864, in-8°. « Assez commun; passe en automne », p. 14.

(6) Blandin (le Dr J.), *Catalogue des oiseaux observés dans le département de la Loire-Inférieure*, dans les *Annales de la Société académique de Nantes et du département de la Loire-Inférieure*, tome XXXIV, 1863, in-8°. « Accidentel, niche. Epoque du passage ou de séjour : Hiver, de novembre en mars. Il a niché à Gigant, dans un jardin de M. Péligry. Très-rare », pp. 532 et 533.

(7) Cavoleau (J.-A.), *Statistique ou description générale du département de la Vendée* (où l'on trouve, page 459 et suiv., une liste des oiseaux de la Vendée dressée par Cavoleau d'après le catalogue du cabinet de M. Poydavant, de Fontenay), 1844, in-8°. Le Cini est mentionné, p. 460, sans autre indication.

(8) Taslé, *Histoire naturelle du Morbihan. Catalogues raisonnés des productions des trois règnes de la nature*. Vannes, 1869, in-8°. « De passage accidentel à l'automne. Très-rare », p. 13.

de Maine-et-Loire (1), du Jura (2), du Doubs (3), de Saône-et-Loire (4), de la Côte-d'Or (5), de la Seine (6).

Enfin, terminons cette liste par la Lorraine (7), les

(1) Vincelot (l'abbé), *Les noms des oiseaux expliqués par leurs mœurs*, 4e édition. Angers, 1872, 2 vol. in-8°. — Voy. sur le Cini, tome I, pp. 404 et suivantes.

(2) Ogérien (le frère), *Histoire naturelle du Jura et départements voisins*. — Voy. tome III, 1863, in-8°. « Sédentaire. Rare en plaine et très-commun dans les forêts de la montagne, surtout vers l'automne », p. 187.

(3) Brocard (E.), *Essai sur le catalogue des oiseaux du département du Doubs* (1), dans les *Mémoires de la Société d'émulation du département du Doubs* (3e série, 2e volume, année 1857). « Le Cini est commun aux environs de Besançon, où il niche dans les jardins et les promenades », p. 222.

(4) Ragut (C.), *Statistique du département de Saône-et-Loire*. — Voy. t. I, 1838, in-4°, p. 173. Le Cini est simplement mentionné sans aucune autre indication.

(5) Marchant (le Dr Louis), *Catalogue des oiseaux observés dans le département de la Côte-d'Or*, dans les *Mémoires de l'Académie de Dijon, année* 1869. « Niche, commun », p. 47. Ce catalogue a été tiré à part, mais il est actuellement épuisé. Le Dr Marchant est directeur du Muséum d'hist. nat. de Dijon.

(6) Hœfer (le Dr Ferdinand), dans son magnifique ouvrage int. *Le Monde des bois*. Paris, 1868, gr. in-8°, constate, page 362, que le Cini n'est pas rare aux environs de Paris (et sans doute aussi de Brunoy, où demeure M. Hœfer, dont je suis heureux de pouvoir invoquer ici le témoignage).

Voyez encore Quépat (Nérée), *Ornithologie Parisienne ou catalogue des oiseaux sédentaires et de passage qui vivent à l'état sauvage dans l'enceinte de la ville de Paris*. Paris, J.-B. Baillière, 1874, in-12. — Voy. p. 28, l'article consacré au Cini et à son habitat spécial dans Paris même.

(7) Buchoz (J.), *Aldrorandus Lotharingiæ ou Catalogue des quadrupèdes, oiseaux, etc., qui habitent la Lorraine et les Trois-Évêchés*. Paris, 1771, in-12, p. 78. Ce catalogue n'a aucune valeur. Il est

(1) Dans l'arrondissement de Montbéliard, le Cini est très-commun et séjourne d'avril à septembre. Voy. l'excellent *Catalogue raisonné des animaux vertébrés qui se rencontrent dans l'arrondissement de Montbéliard*, publié par A. Sahler dans les *Mémoires de la Société d'émulation de Montbéliard*, 2e série, 1er volume, 1862 à 64, p. 450.

Vosges (1), l'Alsace (2), Haut-Rhin et Bas-Rhin, le Mor-

rempli d'erreurs et d'omissions. Nous ne le citons que parce qu'il est le plus ancien.

Godron (A.), *Zoologie de la Lorraine*, 1863, in-8°, voy. p. 8. « De passage au printemps. Quelques individus nichent dans les bois de nos coteaux calcaires. »

Holandre (J.), *Faune du département de la Moselle. (Oiseaux*, 1836, in-24). « Il est rare dans nos contrées, où il arrive à la fin d'avril. Il en niche chaque année quelques couples dans les vergers de Lorry-les-Metz, Plappeville, Lessy », p. 109.

Fournel (le Dr H.-L.) s'exprime à peu près de la même façon (pp. 176-177) dans sa *Faune de la Moselle* (1) (Oiseaux), t. I, 1836, in-12; mais ces assertions, qui peut-être méritaient créance en 1836, sont devenues inexactes par suite de la multiplication croissante des Cinis depuis cette époque. Aujourd'hui le Cini est un oiseau très-commun aux environs de ***Metz***, notamment dans les vergers de ***Lessy***, ***Jussy***, ***Rozérieulles***, ***Plappeville***, ***Lorry-les-Metz***, ***Woippy*** (que j'habite depuis mon enfance), ***Sauluy***, ***Norroy-le-Veneur***, ***Fèves***, ***Smécourt***, ***Marange***. On le trouve encore, mais en plus petit nombre, à ***Olgy***, ***Malroy***, ***Saint-Julien***, ***Vantoux***, ***Vallières***, ***Plantières***, ***Queuleu***, au ***Sablon***, à ***Montigny***. Il arrive non pas à la fin d'avril, comme le dit M. Holandre, mais un mois plus tôt, à la fin de mars. (Voy. mon chapitre int. : ***Migration***.)

(1) Gérardin (S.) [de Mirecourt], *Traité élémentaire d'ornithologie*, 1806, in-8°, t. I, p. 199.

Charton et Lepage, *Statistique du département des Vosges*, 1845, in-8°, t. I, p. 522.

Jacquel (l'abbé), *Histoire et topographie du canton de Gérardmer*, 1852, in-8°, p. 136. C'est le Venturon qui est mentionné, mais il y a là une erreur évidente, c'est le Cini et non le Venturon qu'on rencontre dans ce pays, ainsi qu'à Plombières, où il n'est pas rare, et au val d'Ajol.

Thiriat (Xavier), *La vallée de Cleurie, statistique, topogr. hist.* Mirecourt, 1869, in-12, p. 140 et suiv. : *Catalogue des oiseaux de la vallée de Cleurie*. « Le Cini est indiqué comme très-rare et de passage seulement », p. 142.

(2) Hermann (J.), *Observationes Zoologicæ* (éditées par L. Hammer), Argentorati, 1804, in-4°, p. 207.

(1) Ainsi que Malherbe (Alfred), *Zoologie du département de la Moselle*. Metz, 1854, in-8°, p. 42. On trouve encore le Cini dans la partie allemande de la vallée de la Moselle. Voy. *Mosel-Fauna oder Handbuch der Zoologie*, etc., par Schafer. Trier, 1844, p. 138.

van (1), la Somme (2), et les départements de la Marne (3) et du Nord (4).

HABITAT

Deux choses sont indispensables aux oiseaux : une nourriture abondante et une température appropriée à leur organisation.

Ils se fixent dans les endroits où ils trouvent ces deux choses réunies. Toutefois, quand ils sont forcés d'opter entre l'un ou l'autre de ces deux avantages et lorsqu'ils ont, par exemple, la possibilité de se nourrir sans peine dans une localité où la température ne leur convient qu'à demi, ils n'hésitent cependant pas à s'y fixer, malgré ce grave inconvénient.

Cette remarque s'applique à la plupart des oiseaux, mais non point à tous, car il en est quelques-uns dont

Penot (Achille), *Statistique générale du département du Haut-Rhin*, 1831, in-4°, p. 92.

Kroener (C.-A.), *Aperçu des oiseaux de l'Alsace et des Vosges*. Strasbourg, 1865, in-8°. « Sédentaire d'avril en octobre. Habite les vignobles et les vergers », pp. 17 et 18.

(1) Proteau, *Catalogue des oiseaux observés dans l'arrondissement d'Autun*, dans les *Mémoires d'hist. nat. publiés par la Société Eduéenne*, 1865, in-8°. « De passage assez régulier au printemps et en automne », p. 259.

(2) Marcotte (F.), *Les animaux vertébrés de l'arrondissement d'Abbeville*, 1860, in-8°, p. 54.

(3) Dorin de D., *Catal. des oiseaux du département*, dans l'*Annuaire adm. stat., etc., de la Marne*, année 1863, p. 346. Le Cini est simplement mentionné sans autre indication.

(4) Norguet (A. de), *Catalogue des oiseaux du nord de la France*. Lille, 1865, in-8°. « Très-rare », p. 127.

l'habitat est principalement subordonné à des conditions climatériques. Ainsi, jamais vous ne verrez un rossignol élire domicile dans un site exposé directement au vent du nord.

Il faut établir une différence importante entre les oiseaux migrateurs (rossignol, fauvette, bergeronnette, pipi des arbres, etc.) et les oiseaux sédentaires ou simplement erratiques (pinson, linot, verdier, bruant etc.). Les premiers, bien que recherchant une nourriture copieuse, ne peuvent se passer d'une température douce, tandis que les seconds se préoccupent fort peu du climat que leur robuste constitution leur permet de braver sans danger et se laissent uniquement influencer par l'abondance ou la rareté des vivres. Aussi l'habitat (d'été) des oiseaux migrateurs (surtout des becs-fins) est-il très-limité, comparé à celui des oiseaux sédentaires ou erratiques. Cette limitation est sensible non-seulement dans toute l'étendue d'un pays, d'une zone, mais même dans un espace très-restreint comme un canton, une commune.

Je demande la permission de fournir quelques exemples à l'appui de cette assertion.

On rencontre dans plusieurs départements le linot, le verdier, le pinson, le bruant, etc., répartis partout à peu près uniformément et en nombre presque égal, tandis que le rossignol, la fauvette à tête noire, le butalis gris, etc, au lieu d'habiter indifféremment comme les premiers la plaine ou la montagne, les bosquets ou la lisière des bois, les lieux secs ou humides, ne se fixent que dans certains endroits déterminés, dont ils ne s'écartent jamais, en dehors desquels il est inutile de les chercher et où ils reviennent fidèlement chaque année.

Mais, n'oublions point le Cini.

Cet oiseau a des habitudes bien différentes de celles des autres granivores. Les localités qui plaisent le plus à ses congénères n'ont pas toujours le don de le contenter.

Il affectionne particulièrement les vergers (1), surtout ceux où dominent les pommiers, les poiriers, les pruniers. Il aime aussi les vignobles (2) où croissent de nombreux arbres fruitiers.

Cette préférence s'explique aisément. C'est en effet dans les vergers et les vignes que poussent en abondance les petites plantes sauvages dont la graine forme sa nourriture préférée au printemps et pendant la première partie de l'été.

Sur la fin de l'été et en automne, il s'écarte de son domaine et va visiter les jardins potagers, les champs de navette, de millet, de blé de canari, les plants de

(1) En Lorraine, notamment autour de *Metz*, son habitat est absolument limité aux vergers (1) et aux vignobles parsemés d'arbres fruitiers; il recherche les coteaux plus ou moins élevés et habite très-rarement la plaine, même quand elle est plantée d'arbres fruitiers.

Le savant M. Z. Gerbe m'apprend que dans le Midi (particulièrement dans le *Var*), il habite, en été, la montagne, les coteaux élevés où abondent les chênes verts; en hiver, il descend dans la plaine assez volontiers. Je suis heureux de reproduire ici le témoignage d'un homme que j'ai le bonheur de connaître, que j'honore, que j'aime et que je considère, à bon droit, comme un des premiers ornithologistes du XIXe siècle.

(2) A partir du 8 ou 9 octobre, alors que les graines potagères sont cueillies, égrénées, ou flétries par la gelée blanche, on ne rencontre guère le Cini que dans les vignes où il retrouve en abondance du séneçon, du plantain, etc.

(1) Cet habitat est aussi celui qu'il préfère en Allemagne, du moins dans la vallée du Rhin et dans celle de la Moselle, entre Thionville et Coblentz.

salade, mais ces excursions sont de courte durée. Dès qu'il s'est bien rassasié, il se hâte de regagner avant la nuit son domicile accoutumé.

NIDIFICATION — REPRODUCTION

Construction du nid. — Le Cini amoureux. — Matériaux qui composent le nid. — Choix de l'emplacement. — Arbres sur lesquels il niche. — Hauteur à laquelle est placé le nid. — Ponte. — Description des œufs. — Nombre des œufs. — Nombre des pontes. — Époque des pontes. — Comment couve la femelle. — Durée de l'incubation. — Première période de développement des jeunes Cinis. — Deuxième période de développement. — Sortie du nid.

Construction du nid. — Dès le commencement d'avril (1), les deux époux songent à bâtir leur nid, ce qui n'est pas une mince entreprise.

Pour la mener à bonne fin, ils n'épargnent ni leur temps, ni surtout leur peine.

Quand ils ne trouvent point sur place les matériaux nécessaires, ils n'hésitent pas à aller les chercher au loin.

Comme tous les oiseaux qui tissent habilement, le Cini apporte un grand soin au choix des matériaux destinés à son nid; il les examine attentivement et juge, en expert, leur valeur avant de les employer. A quoi lui servirait en effet son talent d'architecte, s'il consacrait à son nid des matières avariées, pour-

(1) Cette date peut être admise surtout pour le centre et le midi de la France, mais dans l'Est (en Lorraine), le Cini construit rarement avant le 15 ou 20 avril.

ries, qui, au moindre coup de vent, à la première pluie se désagrégeraient en laissant en péril ses œufs ou ses petits.

Pareil accident arrive fréquemment aux oiseaux qui construisent avec négligence. Souvent après une grosse pluie d'orage, une rafale, j'ai vu des nids de fauvettes transpercés, désemparés, renversés même à terre ; jamais au contraire, je n'ai constaté d'avaries de ce genre au nid du Cini, du chardonneret, du pinson.

Cette différence tient uniquement au choix des matériaux, car la fauvette établit son nid dans des endroits aussi abrités que ceux où construit le Cini.

Le mâle et la femelle travaillent ensemble. Ordinairement, c'est le mâle qui va chercher les matériaux et c'est la femelle qui les met en œuvre, les répartit. Elle agit avec beaucoup d'adresse, d'intelligence et de goût, elle déploie autant d'habileté que le pinson, le chardonneret, et, malgré la réputation méritée de ces deux artistes, s'il me fallait opter, c'est peut-être au Cini que je décernerais le grand prix d'architecture.

Le Cini amoureux. — Cet oiseau est ardent, passionné. Au printemps, l'amour le subjugue entièrement, et ses allures sont alors des plus curieuses à observer.

Voyez-le voltiger et tournoyer dans les airs, en chantant à pleins poumons. Tenez, le voici qui vient de se percher, — il roidit ses petites pattes, se dresse de toute sa taille et laisse pendre mollement ses ailes, — un imperceptible frémissement l'agite, il s'incline vivement, enfle ses plumes, tend son cou, relève sa queue en forme d'éventail, bref, fait la roue devant sa femelle qui, la coquette, l'excite encore en s'efforçant de feindre le dédain. Son ardeur redouble, la passion l'emporte, et tout à coup il se précipite sur elle, la poursuit, la presse, l'étreint sans lui laisser un instant de répit, et si la pauvrette hors d'haleine, tente un moment de se soustraire à ses caresses brûlantes, il la pourchasse derechef et ne cesse enfin ses assiduités que lorsque ses forces le trahissent complétement.

Le rôle principal du mâle, ai-je dit, consiste à apporter les matériaux; cependant la femelle lui demande parfois son aide pour les tasser et surtout pour donner au nid sa forme sphérique, ce que l'oiseau n'obtient qu'en tournant longtemps sur lui-même, légèrement accroupi et en exerçant au moyen des pattes, de la poitrine et de l'abdomen une pression énergique sur le fond et les parois internes.

Matériaux qui composent le nid. — Les matériaux qui composent le nid varient peu.

En Savoie, dit Bailly (1), « le dehors du nid est formé de tiges d'herbe très-flexibles, de mousse, de lichens et de racines de plantes liées souvent entre elles par de petits anneaux faits avec la soie des chenilles, avec la laine des moutons ou la toile des araignées. Le dedans est matelassé avec du crin, des cheveux, des plumes ou seulement avec le duvet satiné des saules, des peupliers et des tussilages ».

En Provence (2), il se compose « de petites racines

(1) *Ornithologie de la Savoie*, déjà citée.
(2) Voy. les ouvr. déjà cités de Roux, Jaubert.

et de tiges d'herbes » entremêlées à l'intérieur « d'un peu de laine et de crins ».

Dans l'Anjou (Vincelot), « il est formé de petites tiges d'herbe, de pointes de lichens et de mousse unies par des toiles d'araignées. »

En Lorraine (principalement aux environs de *Metz*), les matériaux employés sont les suivants.

Extérieur : mousse verte très-ténue, petites racines de diverses couleurs et grosseurs, brins d'herbe, lichens, plumes d'oiseaux.

Tous ces matériaux sont habilement reliés, soudés les uns aux autres par des toiles d'araignées, de la laine de mouton et quelquefois des soies de chenilles (1).

Intérieur : crins, poils de divers animaux (chiens, vaches, chèvres), soies de porc, fil, laine à tricoter, plumes de petits oiseaux, débris d'étoffe (2), duvet de saule et de peuplier.

Le matelas du nid est formé presque entièrement de mousse et de racines, mais ces racines assez grosses en cet endroit vont en s'amincissant graduelle-

(1) Aucun ornithologiste ne s'étant avisé de donner les dimensions du nid du Cini, je crois utile de les indiquer ici :

Profondeur interne du nid : varie de 25 à 28 millimètres.

Diamètre pris à l'orifice *interne* : 13 centimètres.

Diamètre pris à l'*extérieur*, à la moitié du nid : 27 centimètres.

Hauteur totale du nid prise à l'extérieur à partir de la base : 5 centimètres.

(2) Les matériaux employés à l'extérieur sont presque toujours en quantité proportionnelle égale, mais la quantité respective des matériaux intérieurs varie considérablement suivant les localités et surtout suivant que le nid est construit auprès ou loin des habitations.

ment jusqu'à l'orifice où elles sont excessivement fines.

Choix de l'emplacement. — La femelle est, paraît-il, douée de plus de finesse et de discernement que le mâle, car c'est elle qui, après maintes explorations, choisit l'emplacement définitif du nid, choix auquel celui-ci accorde toujours son approbation.

Il est ordinairement établi dans une petite enfourchure.

Quand le Cini construit sur de grands arbres tels que sapins, mélèzes, poiriers, pruniers, pommiers, il place son nid sur les branches d'une certaine flexibilité, vers l'extrémité ou plutôt le dernier tiers de la branche.

Quand, au contraire, il construit sur des arbres de basse ou moyenne tige (rosiers, romarins, genêts (1), épine-vinette, poiriers en quenouilles), il le place indistinctement au commencement, au milieu ou au bout des rameaux, auprès ou loin du tronc, suivant qu'il trouve ici ou là une enfourchure avantageuse.

Arbres sur lesquels il niche. — Les arbres sur lesquels niche le Cini varient beaucoup selon les diverses contrées qu'il habite.

A Francfort-sur-le-Mein, nous apprend M. A. Homeyer (2), il affectionne particulièrement les sapins rouges.

Après huit ans d'observations, dit-il, portant sur

(1) « Dans le *Var*, il niche souvent sur les genêts. » Communication verbale de M. Z. Gerbe.

(2) Voy. *Zur Naturgeschichte des Girlitz* (Fringilla serinus), dans le *Journal für ornithologie*, année 1862, p. 97 et suiv.

environ 40 nids bâtis sur des sapins ou des arbres à feuilles variées, je trouvais :

Sapins rouges	9	Pommiers.............	6
Lord Weymouth	4	Poiriers	3
Sapins blancs..........	3	Pruniers..............	2
Pinus Halepensis.......	1	Merisiers	2
Larche?	2	Tilleul.................	1
Taxus.................	1	Quercus ilex...........	1
Juniperus.............	4		
Total.... ..	24	Total.......	15

D'après Bechstein, dont le témoignage est bien antérieur à celui d'Homeyer, « il place communément son nid sur les pommiers, les poiriers, quelquefois les hêtres et les chênes, mais jamais sur les saules au bord des eaux.

M. de Sélys-Longchamps constate également qu'en Belgique il bâtit habituellement sur les arbres fruitiers.

En Provence, il niche aussi très-volontiers sur les sapins comme en Allemagne plus rarement sur les chênes, les peupliers, les arbres fruitiers (Jaubert).

La nomenclature de M. Roux diffère un peu ; il mentionne, outre les arbres fruitiers et les sapins, « les ormes, les hêtres (1) et les cyprès ».

En Savoie, ajoute M. Bailly, il construit sur ces mêmes arbres et aussi sur les « rosiers, les orangers et les charmilles ».

(1) En Estramadure, il niche volontiers sur les chênes-lièges. — Voy. *Zu ornis von Portugal*, par E. Rey, dans *Journal für ornithologie*, année 1872, p. 153.

A toutes ces dépositions, on me permettra bien de joindre la mienne.

Je puis certifier qu'en Lorraine, notamment aux environs de *Metz*, le Cini niche presque toujours sur des arbres fruitiers (1), quelquefois sur des sapins et des mélèzes, enfin, par exception, sur des rosiers touffus.

Hauteur à laquelle est placé le nid. — Il n'est jamais bien haut. Sur les arbres fruitiers, ainsi que sur les mélèzes, on le trouve ordinairement sur les branches inférieures et médianes, environ à 3 mètres du sol (au minimum) et à 12 mètres (au maximum). Sur les arbustes, il est rarement à moins de 1^{m},75 de terre.

Toutefois, ces chiffres ne sont qu'approximatifs. Le Cini n'est pas un de ces oiseaux qui construisent leur nid à une hauteur à peu près invariable (2). Il choisit, pour établir son nid, les branches inférieures et médianes, parce que ces branches étant les plus touffues, les plus grosses, les plus longues, lui offrent en plus grand nombre que les autres des petites fourches favorables à son installation.

C'est uniquement à cause de leur riche membrure que, parmi les arbres fruitiers, il préfère les poiriers, pruniers, pommiers aux cerisiers dont les rameaux maigrelets ne lui permettraient pas de fixer assez solidement son nid.

Ponte. Description des œufs. — Enfin, le nid terminé, la femelle y dépose « cinq ou six œufs oblongs, blanchâtres ou d'un bleuâtre clair avec des points, des

(1) Principalement sur les poiriers, pruniers, pommiers, plus rarement sur les cerisiers.

(2) Comme la fauvette à tête noire, les linots, etc.

petits traits et des taches violâtres ou rougeâtres et d'un noir ou noirâtre plus ou moins teinté de rouge; ces marques sont toujours plus nombreuses sur le gros bout où elles sont quelquefois disposées en forme de cercle. Les œufs ont 14 1/2 ou 15 millimètres de long sur 10 1/2 ou 11 millimètres de diamètre (1). »

C. D. Degland et Z. Gerbe (2) s'expriment ainsi : « La ponte est de quatre ou cinq œufs, petits, obtus, blanchâtres, avec une légère teinte cendrée, offrant, sur la grande extrémité, des taches peu nombreuses, brunes et rougeâtres, auxquelles se mêlent quelques petits traits irréguliers d'un rouge foncé. Ils mesurent (3): Grand diamètre $0^{m},015$, — petit diamètre $0^{m},011$. »

A ces descriptions fort exactes et très-claires, je crois inutile d'ajouter celles des autres ornithologistes; car, en résumé, elles concordent toutes, à quelques nuances près, ce qui prouve que la coloration des œufs du Cini varie sensiblement (4).

Il faut attribuer ces différences à la nourriture ou plutôt à la prédominance exclusive de certaines espèces de graines dans l'alimentation journalière au moment de la ponte. Ainsi, une femelle de Cini qui, en Lorraine, en Allemagne, ne mange guère que du mouron, du séneçon à l'époque de la ponte, ne peut

(1) Bailly, *Ornithologie de la Savoie*, t. III, p. 204 et suiv.

(2) *Ornithologie Européenne*, t. I, p. 286.

(3) La plupart des œufs provenant des environs de *Metz* mesurent : Grand diamètre, 15 millimètres 1/4 à 15 millimètres 1/2.
Petit diamètre, 12 millimètres.

(4) Les œufs pondus en Lorraine sont parsemés vers le gros bout de minces points et traits noirs après lesquels on remarque une couronne de petites taches violacées.

avoir des œufs absolument semblables à ceux d'une autre femelle qui, nichant en Savoie, en Provence, ne suit pas le même régime alimentaire.

Nombre des œufs. — Le nombre des œufs varie également. Jaubert (1), Roux (2), Bailly (3), le portent de cinq à six; Gerbe (4), Temminck (5), de Lafontaine (6), Bouteille (7), Ogérien (8), Baëdeker (9), Thienemann (10), Vincelot (11), de quatre à cinq.

Tout en admettant sans difficulté le premier de ces chiffres pour le midi, j'accorde hautement ma préférence au second qui représente la moyenne de la ponte dans le centre, l'ouest, le nord et l'est de la France. En Lorraine, presque toujours j'ai trouvé cinq œufs, parfois quatre seulement, mais très-rarement six.

Nombre des pontes. — M. Bailly prétend qu'en Savoie, la femelle ne fait qu'une ponte, à moins qu'elle ne lui soit ravie.

Cette assertion ne me paraît pas suffisamment justifiée.

En Lorraine, aux environs de Metz, dans les beaux vergers de Woippy, Lorry, Plappeville, Saulny, Nor-

(1) *Richesses ornithologiques du midi de la France*, pp. 117 et 118.

(2) *Ornithologie provençale*, pp. 147 et 148.

(3) *Ornithologie de la Savoie*, t. III. — Voy. l'article consacré au Cini, p. 204 et suiv.

(4) *Dict. d'hist. natur.* (pub. sous la dir. d'A. d'Orbigny), t. XI, p. 562.

(5) *Manuel d'ornithologie*, t. I, p. 357.

(6) *Faune du pays de Luxembourg*, pp. 114 et 115.

(7) *Ornithologie du Dauphiné*, t. I, p. 346.

(8) *Hist. nat. du Jura*, t. III, p. 187.

(9) *Die Eier der Europaischen Vögel*, etc. Leipzig, 1863, in-folio p. 20. — Voy. les Œufs, planche 20, n° 5.

(10) *Fortpflanzungsgeschichte der gesammten Vögel*, etc. Erstes, Heft, 1845, in-4°, pp. 400, 401, 402.

(11) *Les noms des oiseaux expliqués par leurs mœurs*, t. I, p. 406.

roy, etc., où, depuis mon enfance, j'observe le Cini, j'ai pu constater que la femelle faisait, sinon invariablement, du moins très-souvent, deux pontes (chacune dans des nids différents), et, malgré la confiance que m'inspire M. Bailly, j'ai bien de la peine à admettre qu'en Savoie, contrée beaucoup plus chaude que la Lorraine, il n'y ait qu'une seule ponte.

Époque des pontes. — En Lorraine, la première ponte a ordinairement lieu du 3 au 8 mai, et la seconde à la fin de juin ou durant les premiers jours de juillet.

La date de la première ponte est bien plus constante que celle de la seconde qui est souvent retardée par des causes indépendantes de la volonté des oiseaux.

Ainsi, ils ne peuvent songer à une deuxième nichée avant que les jeunes issus de la première ne soient entièrement élevés et capables de se nourrir seuls ; or, la croissance des jeunes dépend beaucoup de la température ; quand, par exemple, le temps est pluvieux, elle est plus lente que lorsque règne la sécheresse. Un violent orage, une grêle serrée suffisent pour retarder de plusieurs jours la construction du nouveau nid, accidents qui sont rares au mois de mai, à l'époque de la première nichée.

La femelle pond ses cinq œufs à la file, en cinq jours consécutifs, et ne commence à couver que lorsqu'ils sont tous pondus ; jusque-là, pendant la journée, elle ne s'en occupe pas, prend ses ébats ; mais, le soir, elle rallie son nid et passe la nuit sur ses œufs, afin de les garantir du froid et de l'humidité.

Cette précaution n'est certainement pas inutile, car les œufs qui, durant la journée, sont soumis à l'action du soleil, ne pourraient supporter sans inconvénient le brusque abaissement de température qu'amène la nuit ; elle les préserve donc de cette transition, leur évite un refroidissement et leur conserve le degré de chaleur qu'ils ont acquis sous l'influence solaire.

Comment couve la femelle. — Elle couve avec beaucoup d'assiduité et semble véritablement rivée à son nid. C'est le mâle qui, pendant la période de l'incubation, se charge de la nourrir (1), de la récréer par son chant et de la protéger.

Il donne le cri d'alarme dès qu'il voit un oiseau de proie poindre à l'horizon ou lorsqu'un chat apparaît. La pauvre mère se blottit alors sur son nid, immobile, tremblante, et si ses petits sont éclos, elle les couvre si hermétiquement de ses ailes qu'il est impossible que leurs piaillements parviennent à l'oreille du rusé matou. Cependant elle abandonne quelquefois ses œufs pour se reposer ou... se soulager.

Le mâle, en ce cas, prend sa place, et il remplit tellement bien son rôle d'emprunt, qu'il faut être témoin de la substitution pour y ajouter foi.

Durée de l'incubation. — La durée ordinaire de l'incubation est de quatorze jours révolus (2). Le quinzième

(1) Pendant la première moitié de la période de l'incubation, la femelle quitte ses œufs une fois ou deux dans la journée pour aller prendre ses repas, mais, vers les derniers jours de l'incubation, elle couve avec une extrême ardeur, n'abandonne plus son nid, et c'est alors seulement que le mâle la nourrit par voie de dégorgement. Les ornithologistes qui prétendent que le mâle nourrit la femelle pendant tout le temps que dure l'incubation, sont tombés dans une exagération flagrante ou bien ont mal observé les mœurs du Cini.

(2) Ce chiffre, que je donne d'après mes propres observations, est également admis par *Baedeker* et la plupart des ornithologistes.

jour, on aperçoit dans le nid quatre ou cinq petits (plus fréquemment quatre) (1).

Première période de développement. — Les jeunes Cinis naissent avec un léger duvet qui ne suffirait pas à les garantir de l'humidité, s'ils n'étaient étroitement serrés les uns contre les autres, et si la mère ne prenait soin de les réchauffer pendant la nuit et à chaque heure de la journée.

Ils font déjà entendre un cri très-faible : *ci ci ci ci ci* qu'une oreille exercée perçoit néanmoins à dix ou douze pas.

On distingue dans ces premiers sons le futur cri d'appel à l'état rudimentaire. Vers le douzième jour, ce cri se modifie, devient plus aigu, plus vibrant, *tri tri tri*, remplace *ci ci ci;* enfin à la sortie du nid qui ne va pas tarder, nous entendrons le cri d'appel : *Tirr tirr li rli* murmuré vaguement et qu'ils lancent pour avertir les parents de leurs déplacements ou demander la becquée.

Comme ils ont conscience de leur faiblesse, ces charmants petits êtres !

Ils se gardent bien de tromper la vigilance de leurs parents, de tendre le cou hors du nid ou d'essayer de grimper sur ses bords. Le mâle et la femelle les nourrissent conjointement, et c'est un curieux spectacle que de les voir toujours occupés, allant à droite, à gauche, tantôt près, tantôt loin, chercher la nourriture de leur nouvelle famille, qui se compose de graines de mouron, de séneçon qu'ils font macérer un certain temps dans

(1) Sur les cinq œufs que pond ordinairement la femelle, il y en a souvent un mauvais, qu'elle expulse alors au moment de l'éclosion. Quelquefois aussi, l'oiseau meurt avant de rompre la coquille.

l'arrière-bouche et qu'ils dégorgent ensuite à chacun des petits.

Parfois aussi, surtout pendant les premiers jours, ils ajoutent à ces graines des pucerons, des larves et divers insectes microscopiques.

La distribution est pratiquée loyalement, sans la moindre partialité.

Comment, plus tard, ces oiseaux ne seraient-ils pas fraternellement unis, puisque dès l'enfance ils sont traités avec la plus stricte égalité?

Ils peuvent se vanter, ces oisillons, d'être d'une propreté exemplaire.

Au lieu de souiller leur nid, ils savent pivoter lestement, se soulever et jeter en dehors leurs excréments.

Les parois extérieures attrapent bien, il est vrai, quelques éclaboussures, mais soyons indulgents.

Demandez donc à votre femme, monsieur, si son nouveau-né dont elle est cependant si fière, se comporte ainsi?

Les petits oiseaux grandissent vite.

Deuxième période de développement. — Au bout de dix jours ils ont déjà des plumes (1).

Ils commencent dès lors à devenir turbulents, curieux; au moindre bruit, ils se dressent et prêtent l'oreille. Le cri d'alarme de la mère vient-il à leur signaler un danger imminent? Une pie-grièche, une belette, un chat, se montrent-ils dans les environs?—Aussitôt vous les voyez disparaître au plus profond du nid.

(1) Elles sont encore bien petites, sans doute, et non formées, mais celles des ailes et de la queue ont déjà atteint assez de développement pour leur permettre de quitter bientôt le nid.

Sortie du nid. — Douze jours environ (1) après l'éclosion ils poussent la hardiesse jusqu'à se percher sur les bords du nid, et le quinze ou seizième ils gagnent la branche voisine.

Mais la prudence ne les abandonne pas.

Après cette sortie du nid qui ne s'opère d'ailleurs qu'avec l'approbation et sous la haute surveillance des parents, ils ne s'éloignent point et reviennent parfois passer la nuit dans leur demeure, où la mère les tient plus facilement sous son aile. Durant cette période d'émancipation, ils croissent très-rapidement et essayent leurs forces naissantes.

Ils ne volent pas encore, mais cela ne peut tarder.

En attendant, ils montent, descendent, sautillent de branche en branche, battant gauchement de l'aile..... Les voici déjà plus avancés, plus forts; ils vont d'un arbre à l'autre, donnent un coup d'aile, puis deux, puis trois. Chaque jour marque un réel progrès.

Bientôt, à la suite des parents, ils entreprendront de petites excursions, bientôt il leur sera possible de se nourrir seuls.

Une fois parvenus à ce degré de développement, ils s'empressent, les ingrats, de remercier père et mère et d'aller courir le monde.

(1) Parfois un peu plus tard; cela dépend de leur degré de développement, lequel est subordonné à la température. Par un temps sec et chaud, les jeunes oiseaux se développent beaucoup plus vite que par un temps humide, pluvieux. « Les jeunes mâles, dit Bailly, sont semblables à la femelle jusqu'à la mue ruptile du printemps. Mais à la sortie du nid c'est principalement le gris et le roux verdâtre, parsemés de taches brunes et allongées, qui dominent sur leur livrée. » Ces indications sont très-exactes.

NOURRITURE

Le Cini est essentiellement granivore. Gourmet de premier ordre, il sait choisir ce qu'il y a de meilleur; il se garderait bien, par exemple, de continuer à se nourrir de plantes sauvages quand les graines potagères cultivées par l'homme sont parvenues à leur maturité.

Le Cini a d'ailleurs un palais très-fin, un appétit robuste et des goûts aristocratiques. Il est de force à rendre des points à nos viveurs les plus célèbres qu'il contemple avec un superbe dédain, et à juste titre.

En effet, tandis que ceux-ci se voient dans la nécessité de vider leur bourse pour emplir leur estomac, il trouve le moyen de vivre gratis.

Partout où il se présente, son couvert est mis. Le jardinier lui laisse prélever un tribut sur ses denrées, et le paysan le plus avare ose à peine l'accuser de vol quand il dévore sa navette, ses graines de radis, de salade. Au printemps et durant une partie de l'été, le Cini mange toutes sortes de menues graines sauvages comme le séneçon (*Senecio vulgaris*), le mouron (*Anagallis arvensis*), le plantain (*Plantago psyllium*), la graine d'aulne (1), etc. Dès la fin de juillet et en automne, il abandonne cette nourriture et s'attaque aux plantes potagères. Les semences de navet, de radis, de scorsonères, de navette, de millet, de pavot, de salade, de

(1) D'après MM. Bailly (*Ornithologie de la Savoie*) et Marcotte *Catalogue des vertébrés de l'arrondissement d'Abbeville*), au printemps, le Cini mange parfois les bourgeons des arbres fruitiers.

Il aime aussi la bourse à pasteur (*Thlaspi bursa-pastoris*).

blé de canari, sont celles qu'il estime le plus. Il accorde toutefois une préférence marquée à la graine de salade dont, en certains endroits (1), il se nourrit presque exclusivement en septembre et octobre.

Durant l'hiver, il revient à son régime du printemps auquel il joint cependant diverses graines cultivées qui à cette époque seulement mûrissent dans les contrées méridionales (2) où il émigre.

Il ne souffre donc de la faim en aucune saison et en aucun pays. S'il ne quitte, à regret, nos fertiles provinces de l'Est que vers le milieu d'octobre, c'est qu'il n'ignore pas que les semences dont il compte se régaler dans le Midi ont encore besoin d'un petit coup de soleil.

CRI D'APPEL

Son cri d'appel se compose d'une sorte de roulade aigrelette qui, bien que faible, peut être cependant perçue d'assez loin, sinon par le vulgaire, du moins par l'oreille exercée d'un oiseleur.

Au printemps et en été, il le fait souvent précéder ou suivre d'une petite note plaintive (3), analogue à celle que lancent les serins jaunes, mais en automne

(1) En Lorraine, notamment aux environs de *Metz*, ou en automne, on le rencontre continuellement au milieu des cultures maraichères de Devant-les-Ponts, le Sablon, Montigny, etc...

(2) « Pendant l'hiver et lorsque tout autre aliment parait lui manquer, le Cini se nourrit des graines de la Lavande commune (*Lavandula spica*), du moins est-ce ce que j'ai observé dans le midi de la France (*Var*), où cette plante est excessivement commune et où cet oiseau abonde. » Note communiquée par M. Z. Gerbe.

(3) Piiie.

et à l'époque de la migration, il cesse de l'émettre, et s'en tient à son cri d'appel simple.

Quoiqu'il soit très-difficile de reproduire, même imparfaitement, le cri d'appel des oiseaux au moyen de voyelles et de consonnes, j'essayerai de rendre celui du Cini par : *Tirrrrrit*, roulade qu'il fait entendre tantôt une seule fois, tantôt plusieurs fois de suite en changeant alors légèrement de ton à chaque reprise.

Avec un mince sifflet de cuivre ou d'argent, on parvient à l'imiter assez exactement pour tromper l'oiseau qui, se croyant appelé par un des siens, se dirige vers le pipeur.

Les vieux obéissent moins bien à l'appeau que les jeunes, ils se montrent plus défiants ; en outre, j'ai pu me convaincre que le pipage exerce en automne (1) plus d'influence sur les mâles que sur les femelles.

CHANT

Le chant du Cini, que certains auteurs paraissent apprécier complaisamment, n'est, en vérité, ni suave, ni mélodieux, mais sa tonalité bizarre, son rhythme original, lui font pardonner son insuffisance musicale. D'ailleurs, en chantant, le mâle a des attitudes si coquettes, des poses si langoureuses, alors qu'il laisse mollement pendre ses ailes sur la branche d'où il va s'élancer, il décrit en l'air des quadrilles si mouvementés que l'acteur, par instants, efface entièrement le chanteur.

(1) A cette époque, à la chasse au filet, on prend plus de mâles que de femelles.

Ce chant débute ordinairement par un court prélude ... *pīīīc* que suit aussitôt un susurrement aigu répété plusieurs fois avec un grand entrain.

Bien que la voix du Cini manque un peu de nuances, elle n'est ni monotone, ni désagréable, car il a le talent de scander ses modulations en phrases d'inégale durée qui, tantôt brèves, tantôt longues, forment en alternant avec le prélude un ensemble harmonique très-supportable.

De même que le cri d'appel, il est extrêmement difficile de reproduire ce chant (1) ; à la rigueur, on peut traduire ses phrases par :

Tirrrr li, (allegro) *rli, rrli, rli,* (allegretto) *rli, rli, rli, rli. — irrr li rli rli-irr rli, reli, rli-rli — Tirrr — pīīīc* (piano) *— rli, rli, rli,* (allegretto) *rlirli, rrli — reli, rli, irrr lirli, rlirli, rli, reli, rli.*

VOL

Il est vif, légèrement fléchissant et assez rapide.

Le Cini ne s'élève jamais bien haut ; tout au plus dépasse-t-il de quelques mètres la cime des vieux arbres.

Il peut changer brusquement de direction lorsqu'il est lancé ; ces voltes-faces subites ne lui coûtent aucun effort, il les exécute avec une grâce exquise. Parfois, au milieu de sa course, on le voit s'arrêter net

(1) « En Provence (notamment dans le *Var*), le Cini chante presque autant en hiver qu'en été. » Communication verbale de M. Z. Gerbe.

et descendre à pic sur un arbre voisin où sont perchés des amis.

Le Cini n'a pas l'habitude de parcourir d'une seule traite un long espace ; il économise sagement ses forces et ne se soucie nullement de se fatiguer sans nécessité.

A l'époque même de la migration, il ne paraît pas pressé. Au lieu de voler régulièrement durant une matinée entière ou une soirée, ainsi que la plupart des oiseaux migrateurs, il voyage à petites journées, à n'importe quelle heure du matin ou de la journée, ne manquant jamais de s'arrêter lorsqu'il trouve à butiner en chemin.

Au moment des amours, son vol offre des particularités remarquables.

Souvent, il s'élance d'une cime élevée et, tout en chantant, il décrit en l'air les figures les plus capricieuses : ellipses, zigzags, courbes de tous genres, angles aigus ou obtus ; parfois aussi, les ailes entièrement déployées, il semble vouloir signer son nom dans l'espace.

Enfin, sa chanson terminée, il retombe sur la branche d'où il est parti et se repose un instant avant de recommencer cette agréable gymnastique.

MIGRATION — ÉPOQUE DU RETOUR

Les mots « migrateurs, voyageurs » appliqués à l'ornithologie n'ont pas encore un sens bien précis ; leur signification varie avec la plupart des auteurs.

Le Cini est assurément un oiseau migrateur si l'on

décerne cette épithète aux oiseaux qui pendant l'hiver disparaissent entièrement du nord, de l'est, du centre de la France, ainsi que des contrées situées plus au Nord.

Beaucoup de Cinis prennent leurs quartiers d'hiver en Provence et sur toute la partie française des côtes de la Méditerranée ; ceux qui, en été, ont habité ces régions, les quittent alors pour se rendre en Italie, en Sicile (1), en Égypte (2), à l'île de Malte (3), en Algérie (4), en Espagne, etc.

Les observations des ornithologistes du Midi démontrent ou du moins font présumer que le Cini émigre par étages, si toutefois cette expression peut être employée en pareil cas.

En effet, ils ont remarqué qu'à l'approche de la mauvaise saison les Cinis nés dans le Midi (Provence, Pyrénées-Orientales, etc.) se réunissaient en petites bandes pour émigrer, mais étaient aussitôt remplacés par d'autres individus venant du Nord et de l'Est, ce qui prouve que ce n'est point au manque de nourriture qu'il faut attribuer le départ des premiers, puisque ceux qui les remplacent trouvent facilement à se nourrir.

Le Cini semble quitter à regret la vallée du Rhin et

(1) « Le Cini, qui est très-commun en Sicile pendant l'hiver seulement, disparaît au printemps. » — Voy. Malherbe, *Faune ornithologique de la Sicile*, page 123.

(2) Voy. Shelley, ouvr. déjà cité au chapitre : *Distribution géographique*.

(3) « Il arrive à Malte à partir du mois d'octobre. » — Voy. *Catalogo ornitologico del gruppo di Malta*, par Ant. Schembri, page 69.

(4) Voy. les documents cités au chapitre int. : *Distribution géographique*.

nos fertiles campagnes de la Lorraine. Il laisse partir la plupart des autres oiseaux, l'agrodrôme, les pipis, les fauvettes, les bergeronnettes, etc., avant de se décider à nous abandonner.

Son émigration s'effectue invariablement aux environs de Metz, du 10 au 15 octobre (1), et souvent encore rencontre-t-on de nombreux retardataires après cette date.

Les premières gelées blanches, les froids brouillards de cette saison ne paraissent pas l'incommoder (2). C'est seulement quand les feuilles des arbres fruitiers et de la vigne commencent à tomber, quand les graines potagères pourrissent et que le séneçon et le mouron se fanent qu'il se résout définitivement à partir.

Il émigre en suivant les coteaux, les collines, les vignobles, les bords des vallées.

(1) Et en Allemagne, d'après Alex. Homeyer, au commencement d'octobre. — Voy. *Journal für ornithologie*, année 1862, p. 97 et suivantes.

(2) Le degré de chaleur interne du Cini varie entre 36°,4/9 et 32°,8/9 Réaumur, d'après les observations de M. le docteur Berger. — Voy. l'article qu'il a publié (dans le tome VII des *Mémoires de la Société de physique et d'hist. nat. de Genève*, année 1836, page 1 et suiv.) sous le titre : *Faits relatifs à la construction d'une échelle des degrés de la chaleur animale.* » Je n'avais pas à m'occuper dans ce travail de l'anatomie et de la physiologie du Cini, attendu que cet oiseau ne présente rien de particulier sous ce rapport.

Mais à propos de ces matières qui rentrent dans le domaine de la haute science, je dois une mention spéciale à M. Alphonse Milne Edwards, dont j'apprécie à sa juste valeur l'admirable talent. Ce savant fait depuis deux ans un cours d'ornithologie qui compte parmi les meilleurs du Muséum; aussi est-ce un des plus suivis. Parmi les leçons les plus remarquables de cette année (1875, 2e semestre), je noterai celles où le professeur a expliqué le mécanisme de l'appareil respiratoire, de l'appareil digestif des oiseaux, des organes de la vision, de l'ouïe, de la voix, etc.

Jamais, dans aucun des pays où je l'ai observé, en Lorraine, autour de Paris, dans le Forez, etc., jamais, même à l'époque de la migration, je ne l'ai vu traverser de vastes plaines dénudées, de grandes forêts.

Il aime mieux perdre plusieurs jours que de passer par des endroits qui lui déplaisent probablement parce qu'il n'y trouve ni aliments, ni gîtes convenables.

Époque du retour. — Dans le centre et l'est de la France, les Cinis reviennent assez régulièrement vers la fin de mars (1) et les premiers jours d'avril.

Le retour de ces oiseaux est souvent difficile à constater, car, quand la température est froide ou lorsque le vent souffle du nord, amenant avec lui d'aigres giboulées, ils se mettent prudemment à l'abri (2), se dissimulent au milieu des sapins, des arbres bien membrés (vieux poiriers, pommiers, chênes) et ne trahissent leur présence par aucun cri d'appel.

Aussi est-on tout étonné de les entendre chanter dès

(1) En Lorraine (environs de Metz), on les voit dès le 21 mars; mais ils n'abondent vraiment que vers le 25.

Alex. Homeyer nous donne les dates suivantes de son arrivée à Francfort-sur-le-Mein :

En 1855, le 19 mars.
En 1856, le 24 mars.
En 1857, le 23 mars.
En 1858, le 24 mars et le 2 avril.
En 1859, le 13 et 19 mars.

Ces dates se rapportent (il est bon de le dire), à l'apparition des premiers individus, à l'avant-garde seulement.

Au 1er avril, ils ont complètement effectué leur retour en Allemagne. — Voy. *Journal für ornithologie*, année 1862, p. 97.

(2) A l'époque du retour, ils paraissent plus sensibles au froid qu'en automne, probablement parce qu'en arrivant du Midi, où dès la fin de janvier la chaleur sévit, ils sont saisis tout d'abord par cette brusque transition.

que le soleil luit ; on les croit alors arrivés de la veille, tandis qu'ils sont déjà revenus depuis longtemps.

ENNEMIS DU CINI

Les habitants de l'air ont un ennemi rusé, implacable, acharné : l'oiseau de proie.

Toutefois, l'oiseau de proie est un grand seigneur, un délicat, un gourmet, qui apprécie particulièrement les bons morceaux.

Il s'attaque à l'alouette, au pipi, à l'ortolan, au jeune perdreau, à la caille, à la fauvette, mais il dédaigne le chardonneret, le linot, le tarin, le Cini et en général tous les passereaux de ce groupe dont la chair est amère, coriace, huileuse.

Cependant, si parfois, après une tournée infructueuse, chose trop rare, hélas! pressé par la faim, il vient à lancer un regard cruel sur quelque pauvre Cini, celui-ci ne perd pas la tête et conserve toute son énergie. Dès qu'il aperçoit le pirate, d'un coup d'aile rapide il se jette de côté, s'enfuit et gagne, en décrivant des zigzags, le massif de verdure le plus proche où son ennemi, médiocrement alléché d'ailleurs par la perspective d'une si chétive capture, se donne rarement la peine de le poursuivre.

Le Cini construit généralement son nid assez haut pour le soustraire aux atteintes immédiates des chats, des belettes, fouines, putois, etc. ; mais, bien qu'il le dissimule très-habilement au milieu des feuilles, dans l'enfourchure d'une branche ou à l'extrémité d'un rameau touffu, il ne parvient pas toujours à le dérober aux investigations de la pie-grièche, qui, au lieu de chasser en plaine et à découvert comme les autres rapaces, hante les vergers, la lisière des bois, et visite chaque arbre, chaque branche, commet à elle seule plus de crimes que dix éperviers. Elle happe non-seulement les petits, mais elle hume les œufs fraîchement pondus qu'elle enlève du nid un à un.

DURÉE DE LA VIE

J'ai pris un grand nombre de Cinis au filet et à la glu.

Tous mes captifs s'habituaient vite à la perte de leur liberté, et la réclusion, adoucie par un succulent régime alimentaire, ne semblait nullement les attrister.

J'ai conservé durant six et sept ans des Cinis enlevés du nid et élevés à la brochette : j'ai gardé pendant sept ans deux mâles âgés de deux ans au moins à l'époque de leur capture ; ils sont morts, un jour, asphyxiés par une épaisse fumée dans une serre où je les mettais en hiver.

Ces deux Cinis comptaient donc neuf années de prison et, comme ils se portaient à merveille, il est présumable que sans ce funeste accident ils auraient encore vécu quelque temps.

De ces faits, il est permis, je crois, de conclure sans témérité qu'à l'état sauvage le Cini vit en moyenne de dix à douze ans, peut-être même davantage, car les oiseaux vivent plus longtemps libres que captifs.

En résumé, il est toujours très-difficile, sinon impossible, de connaître exactement l'âge auquel parviennent les oiseaux à l'état sauvage.

Pas plus que les jolies femmes, ils n'aiment à renseigner les curieux et les indiscrets; mais ici encore éclate l'indéniable supériorité de la gent emplumée sur l'espèce humaine. Tandis qu'une femme qui commence à vieillir a besoin de se farder, de se teindre, de s'émailler pour dissimuler son âge réel, l'oiseau trompe le public sans recourir à aucune supercherie.

Une femelle de Cini est aussi fraîche, aussi sémillante sur son déclin qu'à son jeune âge, et, tandis que la femme de quarante ans est tristement reléguée dans la ruelle du lit par un époux désormais indifférent, madame Cini continue à faire le bonheur du sien et se prélasse chaque printemps au beau milieu d'un nid coquet à moitié caché sous les fleurs et la verdure.

LE CINI EST-IL UTILE OU NUISIBLE

Comme beaucoup d'autres granivores, le Cini (je suis contraint de l'avouer) est plutôt nuisible qu'utile.

Il dévore, en vérité, une grande quantité de graines sauvages exécrées des jardiniers (plantain, séneçon, mouron, etc.), mais pendant l'été et l'automne il se nourrit presque uniquement de semences potagères (millet, navette, blé de canari, scorsonère, salade, radis) dont la valeur commerciale est assez élevée, tandis que celle des graines sauvages est nulle et d'ailleurs ces dernières espèces croissent si vite, foisonnent tellement qu'il serait puéril de prétendre que le Cini est capable d'en restreindre la multiplication.

Son impuissance est manifeste.

Si le chardonneret ne peut, ainsi que je l'ai déjà dit (1), combattre efficacement la multiplication des chardons, le Cini peut encore bien moins combattre celle du séneçon, du plantain, du mouron, car ces essences sont aussi vivaces et plus répandues que le chardon (2).

Le chardon n'envahit généralement que les lieux incultes ou mal cultivés, tandis que le séneçon, le mouron, etc., poussent partout, dans les céréales, les vignes, les vergers, les pépinières, les pelouses, les potagers.

Pour parvenir seulement à s'opposer d'une façon appréciable à l'envahissement de ces mauvaises herbes, la pioche du jardinier doit fonctionner sans relâche; or, le bec du Cini ne possède certes point la puissance destructive d'une pioche!

Malgré cela, les dégâts que cause le Cini ne sont pas bien graves (3); il n'est pas un propriétaire sensé qui n'abandonne avec générosité quelques livres de graines aux oiseaux et ne se soumette placidement à cet impôt annuel établi par la nature.

Je ne veux nullement proscrire le Cini, le signaler à

(1) Voy. *Monographie du Chardonneret*. Paris, 1873, in-8°, p. 30. Goin, éditeur, 62, rue des Écoles.

(2) Et, en outre, le Cini n'est pas aussi commun que le chardonneret.

(3) En France, du moins, car il n'en est pas de même dans les pays où il pullule, comme aux îles Açores, où il peut (nous apprend M. Henri Drouet), « sous le rapport des dégâts, être comparé à notre moineau commun. Il passe, aux yeux des cultivateurs, pour un fléau, et sa tête est mise à prix. On paye un vintem ou 12 centimes pour cinq têtes. » –Voy. *Faune Açoréenne*, 1861, in-4°, pp. 116 et 117.

la vindicte publique et attirer sur lui les foudres des maraîchers, mais je prétends simplement qu'il est absurde de prohiber (comme on l'a fait) la chasse de cet oiseau si agréable, si charmant en captivité.

La chasse des oiseaux au moyen des piéges est aujourd'hui interdite dans toute la France (1); les idées protectionnistes les plus déraisonnables règnent partout en souveraines. De bien des départements, il est vrai, se sont élevées à diverses reprises de vives réclamations (2), lesquelles, hâtons-nous de le dire, ont été brutalement étouffées par les préfets et même, chose plus triste, par les conseils généraux.

Ce rigorisme absolu s'explique difficilement.

De tout temps, mais notamment depuis une quinzaine d'années, on a considérablement exagéré la destruction qu'occasionne l'emploi des engins tels que filets, lacets, gluaux, raquettes.

L'aviceptologie est une science ardue qui demande beaucoup d'adresse, de pratique, de loisir, et n'est par conséquent accessible qu'à un nombre assez restreint d'amateurs.

Les oiseleurs vraiment habiles sont toujours rares et ces maîtres eux-mêmes ne prennent pas en moyenne, j'ose l'affirmer, plus de deux pour cent (3) des oiseaux

(1) Excepté dans la Gironde, où l'on tolère la chasse de l'alouette lulu (Alauda arborea) au filet, et aux environs de Toulon, où, d'après M. Pellicot (in litt.), il est également permis de prendre l'alouette au filet.

(2) Voy. la brochure de M. Paul Eymard int. : *Chasse aux petits oiseaux*, à laquelle se trouve annexé le *Rapport fait au nom de la Commission nommée pour examiner la question de la chasse aux petits oiseaux*, par E. Mulsant. Lyon, 1867, in-8° de 19 pages.

(3) Je garantis ce chiffre et l'on peut me croire, car je suis un vieux

contre lesquels ils guerroyent, résultat bien maigre et qui, en outre, ne s'obtient guère qu'à la chasse au filet à deux pans qui est, remarquez-le, la plus destructive.

Telle est la vérité.

Sans doute, il y a des jours où l'on râfle une bande entière d'un coup de filet, mais, d'autres fois (pour des causes multiples que je ne puis énumérer ni expliquer ici (1)) on ne capture pas un oiseau sur dix bandes qui passent à portée.

En outre, il faut compter (et défalquer) les jours si nombreux où le passage est très-abondant malgré la pluie, le brouillard, le vent, temps par lesquels il est absolument impossible de tendre au filet.

Hélas! ces raisons, je le sais, ne parviendront pas à modifier les idées préconçues des protectionnistes (2)

praticien — j'ai vingt-neuf ans et depuis mon enfance je tends au filet, — tendue qui vient d'être interdite cette année dans mon pays (Lorraine annexée) par un arrêté en date du 10 décembre 1874 (voy. plus loin).

Sous l'administration française, cette chasse spéciale était permise à titre d'industrie locale.

(1) Car il faudrait pour cela écrire un traité complet de la chasse au filet, traité que je publierais avec plaisir si l'emploi de ce piége était autorisé en France.

(2) Parmi les rares ornithologistes qui sont partisans de la liberté et estiment qu'il n'y aurait aucun inconvénient à permettre la chasse au filet, je suis heureux de pouvoir compter le savant M. *Z. Gerbe;* M. *Edouard Gand*, dont je recommande la brochure int. : *Les Insectes ou Réflexions d'un amateur de la chasse aux petits oiseaux*, Amiens, 1857, in-8°; M. *Olphe Galliard*, de Lyon, qui a donné de si intéressants articles d'ornithologie à la *Revue et Magasin de Zoologie*, à la *Naumannia*, au *Journal für ornithologie;* enfin M. *Edouard Perris*, dont le travail int. : *Les Oiseaux et les Insectes*, a produit une vive émotion et jeté le désarroi dans le camp protectioniste. Ce travail, que personne n'a pu réfuter, a paru dans le *Bulletin de la Société d'acclimatation de Paris*, année 1873, numéros 8, 9, 10, 11, 12.

et la chasse au filet (ainsi qu'aux autres piéges) continuera à être interdite en France, comme elle l'est d'ailleurs en Allemagne et en Lorraine depuis l'année dernière (1), comme elle va l'être probablement en Italie, en Suisse, en Autriche.

CHASSE

Pour réussir à capturer le Cini, il faut avant tout observer soigneusement ses habitudes ; il faut découvrir, chose facile du reste, les endroits où il vient manger régulièrement le matin et vers la fin de la journée.

Dès qu'on sait où le joindre, avec un peu d'adresse, il n'est pas trop difficile de s'en rendre maître.

En août, septembre et octobre, le Cini fréquente les cultures maraîchères et tous les lieux où croissent les plantes potagères.

Il y a trois manières de prendre cet oiseau :

1° *à la glu* ;
2° *au filet* ;
3° *à la sauterelle.*

(1) Voy. l'Arrêté réglementaire relatif à l'exercice de la chasse, rendu par le président du département de la Lorraine (baron de Reitzenstein) à Metz le 10 décembre 1874. Le paragraphe 3 de l'article 5 est ainsi conçu : « La chasse aux oiseaux à l'aide de filets, de sauterelles, lacets, de collets, appeaux, cages et gluaux est interdite d'une manière absolue en tout temps. » Il n'est fait d'exception que pour la grive, qu'on permet de prendre aux lacets.

Chasse à la glu.

Cette chasse est à la portée de tout le monde ; elle est économique, mais elle présente certaines difficultés pratiques et ne donne pas toujours de sérieux résultats.

Ce n'est qu'en choisissant un emplacement exigu, un petit plant de salades montées ou un mince carré de millet, de blé de canari, de navette, qu'on a chance de réussir.

Il est impossible d'opérer sur une grande surface, à moins d'employer des milliers de gluaux.

Quand on est propriétaire de l'emplacement, le plus simple est de réunir en un ou deux faisceaux les semences et de les couvrir de gluaux sans tomber cependant dans l'exagération, car une trop grande quantité de vergettes engluées donnerait au faisceau un aspect peu naturel et exciterait infailliblement la défiance des oiseaux ; or, un oiseau qui se défie va souvent chercher ailleurs sa nourriture ou ne descend sur les semences qu'avec de si minutieuses précautions qu'il évite de se frotter aux gluaux ou les effleure si légèrement, qu'au moyen d'un vigoureux coup d'aile il se décolle et file.

Je conseille de ne pas tendre aussitôt que les graines commencent à mûrir.

En pareil cas, trop de précipitation nuit.

Évitez au contraire de déranger les oiseaux, laissez-leur acquérir l'habitude de manger à heure fixe.

Chaque jour, surviennent de nouveaux arrivants qui, à leur tour, en amènent d'autres encore.

Patientez une semaine et alors,au lieu d'avoir l'espérance de prendre quelques couples isolés, vous aurez celle de rafler une bande entière.

Mais ce conseil s'applique plutôt à la chasse au filet (dont je parlerai plus loin) qu'à la tendue aux gluaux, car dès que deux ou trois malheureux sont empêtrés, en se débattant, en roulant à terre, ils effrayent les voisins qui s'enfuient à tire d'aile et parfois ne reparaissent plus de la journée.

Le lendemain l'impression est effacée, j'en conviens, mais malgré cela, si durant plusieurs jours, nos Cinis laissent quelques-uns des leurs sur le terrain, ils deviendront défiants, puis peureux, puis effarés et finiront par abandonner complétement et sans esprit de retour cet endroit inhospitalier.

Il importe quand on tend sur un faisceau d'observer au moins une distance de quatre centimètres entre chaque gluau ; sans cette précaution les oiseaux appréhenderaient le danger (1) et les vieux détourneraient les jeunes de l'appât fallacieux.

Quand on tend sur des semences isolées, il est bon de ne pas multiplier davantage les gluaux (2).

Six suffisent pour une tige de salade de moyenne grosseur, deux pour un épi de millet, un pour un épi de blé de canari, et dix pour une plantureuse touffe de navette ou de radis.

Leur position doit varier suivant les plantes. Sur un épi de blé de canari, de millet, placez-les longitudina-

(1) Parce que, comme je l'ai dit précédemment, une trop grande quantité de vergettes engluées ôterait au faisceau son aspect naturel.

(2) La grosseur de ces gluaux ne doit pas dépasser celle d'une aiguille à tricoter et leur longueur 15 centimètres.

lement dans le sens de l'épi, ce qui les rend moins visibles; sur une touffe de salade, de navette, disposez-les en forme d'étoile sans les entre-croiser et ayez bien soin de ne pas trop rapprocher les pointes afin d'éviter qu'ils se frôlent et s'entraînent réciproquement lorsqu'un oiseau englué vient à les déranger.

Il faut aussi poser chaque gluau très-délicatement pour que l'oiseau puisse au moindre contact y coller ses plumes, le soulever de la tige, s'empêtrer et rouler prestement avec lui.

Si le gluau enchevêtré dans quelque brin des tiges résiste, ne serait-ce qu'une seconde, sept fois sur dix le Cini se détachera sans l'emporter et s'enfuira en narguant le tendeur.

Lorsqu'on pratique cette chasse amusante dans un endroit où les Cinis se rendent habituellement, il n'est pas nécessaire de se servir d'appelants.

Si, au contraire, on change souvent de place, si l'on tend dans des localités que ces oiseaux ne font que traverser incidemment à l'époque du passage, il est utile d'avoir deux ou trois mâles renfermés dans de petites cages.

Je recommande les mâles parce qu'ils rappellent ordinairement avec plus d'ardeur que les femelles.

Chasse au filet (1).

Elle est infiniment plus productive et surtout plus expéditive que la précédente.

Au lieu d'attraper en une journée quelques indivi-

(1) Filet à deux pans, nommé vulgairement : Tirasse.

dus, avec un peu de chance, de patience et d'adresse, on prend d'un seul coup une bande entière.

Un filet de dix pas de long suffit amplement.

Indiquons brièvement comment on doit opérer.

Laissez d'abord les Cinis contracter l'habitude de butiner quotidiennement; puis, au bout d'une semaine, arrachez les semences, réunissez-les en un buisson placé au milieu du filet et d'une hauteur de 70 centimètres au maximum (1).

Cette opération terminée, attendez quelques jours avant de tendre votre filet, afin de permettre aux oiseaux qui ont été dérangés de reprendre leurs habitudes.

Enfin, un beau soir, au coucher du soleil, alors que vos futurs prisonniers dorment déjà, établissez le filet sur le terrain.

Le lendemain matin, ne se doutant de rien, ils ne manqueront pas de se précipiter sur les semences; alors, si vous les jugez suffisamment nombreux, tirez vivement le filet et courez extraire vos victimes de dessous les mailles.

Le 4 octobre 1873, par ce procédé, j'ai raflé d'un seul coup de filet vingt-deux Cinis. Il est très-rare de réussir de la sorte, mais une fois n'est pas coutume. Au besoin, je pourrais faire certifier l'authenticité de cette capture par deux amateurs éminents, MM. Alfred de Bollemont et E. Clause-Hoffmann, de *Woippy*, près *Metz* (Lorraine annexée).

(1) Sans cette précaution les deux pans ne pourraient se rabattre, se pénétrer complétement, et les oiseaux s'échapperaient par les interstices.

Il n'est nécessaire d'employer des appelants et des mouvants (1) que lorsque l'on tend dans des localités que le Cini ne traverse qu'au moment de la migration et où il ne niche pas en été.

Chasse à la sauterelle.

La sauterelle est un piége bien connu des oiseleurs et qui sert particulièrement à capturer dans les bois des rouges-gorges, des rouges-queues, des grives, merles, etc.

L'oiseau, en se perchant sur la marchette qui se dérobe sous lui, fait partir l'instrument et se trouve retenu par les pattes.

Pour prendre des Cinis, les oiseleurs lorrains fabriquent, avec de minces baguettes de noisetier, d'épine noire ou de cornouillier, des sauterelles de petite dimension qui en se détendant n'ont pas la force de briser ou seulement de déchirer les pattes de l'oiseau. Toutefois, malgré le peu de raideur de ces sauterelles, il est bon de ne pas laisser les captifs pendre longtemps par les pattes, si l'on veut leur éviter de graves écorchures.

Vous posez vos sauterelles sur des tiges de salades ou sur des faisceaux de semences, en ayant la précaution de les assujettir solidement et de laisser

(1) On donne ce nom en Lorraine, à la vergette en fil de fer à double branche au bout de laquelle on attache un oiseau revêtu d'un corselet (ou simplement lié par la queue) et que l'on fait voltiger en élevant la vergette au moyen d'une petite cordelette qui aboutit au trou du tendeur.

la marchette dépasser entièrement les bords du faisceau.

Ce petit piége (1), qui se compose simplement d'une baguette recourbée en forme d'U, d'un brin de ficelle et de la marchette sur laquelle l'oiseau se perche, n'éveille nullement la défiance des Cinis ; seulement, quand l'un d'eux est pris, les autres s'intimident (2) souvent et s'enfuient en l'apercevant la tête en bas donner des coups d'aile saccadés et s'agiter nerveusement en tous sens. Parfois ils ne reparaissent plus de la journée ; aussi cette chasse procure-t-elle de plus maigres résultats encore que la chasse à la glu.

Son seul avantage est de n'occasionner aucune dépense sérieuse. Un couteau, une vrille et un paquet de ficelle, voilà tout ce qu'il faut pour fabriquer plusieurs douzaines de sauterelles.

Quant aux baguettes de noisetier, de cornouillier, on n'a que le mal d'aller les couper au bois, avec la permission du propriétaire, permission que ne refuse jamais un homme qui n'a pas l'honneur d'être membre de la Société protectrice des animaux.

(1) La sauterelle dont je parle ici est pour ainsi dire une sauterelle en miniature, que les oiseleurs emploient, en Lorraine, à la chasse des petits oiseaux très-délicats comme le Cini, le Roitelet, le Troglodyte, oiseaux auxquels on ne veut pas briser les pattes afin de les conserver en cage.

(2) Il y a des oiseaux qui, au lieu d'avoir peur en pareil cas, s'acharnent au contraire à se faire prendre les uns après les autres Les mésanges sont du nombre. Il est rare de ne pas en prendre plusieurs dès que l'une d'elles a été pincée.

LE CINI EN CAPTIVITÉ

Le Cini est un charmant oiseau de volière (1). Son humeur est douce et égale; il ne cherche pas querelle à ses voisins, aussi peut-on le lâcher dans une cage sans craindre d'y introduire le désordre et la désunion.

Toujours gai, toujours en mouvement, il communique son activité à tous ceux qui l'entourent.

Il se lève dès que paraît le soleil, se met aussitôt à manger, à boire, à sautiller, bref s'agite tellement qu'il vient vite à bout de réveiller les plus acharnés dormeurs.

C'est un musicien infatigable; il chante toute l'année, excepté au moment de la mue.

Bien qu'il ne soit ni délicat ni très-sensible au froid, il faut autant que possible le placer en hiver dans une chambre chauffée et exposée au soleil.

A la rigueur, il se passe de feu, mais alors il est prudent de recouvrir, durant la nuit, sa cage d'un épais morceau de drap ou de flanelle.

En agissant ainsi, un de mes amis, M. Alfred de Bollemont, a conservé à Metz, durant l'hiver de 1873-74, plusieurs Cinis dans une chambre non chauffée, mais située au midi.

(1) Bien que je n'ai jamais vu le Cini se reproduire en captivité, je crois qu'on pourrait obtenir ce résultat en prenant au nid de jeunes oiseaux, et en les lâchant (au printemps suivant) dans une volière très-spacieuse, garnie d'arbustes touffus et richement membrés; il serait bon aussi de semer dans la volière da mouron, du séneçon, du plantain, etc... et d'y répandre les matériaux qu'ils em-

En été, il est indispensable de renouveler l'eau chaque jour et d'en remplir jusqu'au bord une soucoupe peu profonde qui leur servira de baignoire.

La base de la nourriture du Cini se compose de millet, de navette et de blé de canari, auxquels je conseille d'ajouter fréquemment des aliments plus rafraîchissants, tels que du plantain, du séneçon, de la bourse-à-pasteur, du mouron, de la graine de salade.

Le Cini supporte facilement la perte de sa liberté (1), aussi est-il superflu de se donner la peine de le prendre au nid et de l'élever à la brochette.

Les adultes que l'on capture au filet, à la glu, à la sauterelle, s'habituent à la cage en sept ou huit jours et les jeunes de l'année en moins de temps encore.

Toutefois, il faut avoir soin, durant cette période de domestication, de ne pas modifier brusquement leur régime alimentaire.

Au lieu de leur donner simplement du millet, de la navette, du blé de canari, joignez-y en abondance les graines dont ils se nourrissent à l'état sauvage (séneçon, mouron, plantain, lavande, etc.).

J'insiste beaucoup sur ce point, parce que j'ai pu me convaincre par ma propre expérience du danger que

ploient, à l'état libre, pour construire leur nid. M. Bailly prétend que le Cini mâle s'apparie parfois avec la femelle du Serin des Canaries et que les métis qui proviennent de cette union sont d'excellents chanteurs. Ces croisements doivent être rares, car je n'en ai jamais vu, pas plus que tous les oiseliers parisiens que j'ai consultés à ce sujet.

(1) Il n'est pas toujours facile de trouver des Cinis à Paris; cependant il est un homme qui s'occupe particulièrement de ce charmant petit oiseau; cet oiselier se nomme *Gagne* et demeure 13, *Boulevard des Filles-du-Calvaire*. Je le recommande aux amateurs.

présente un brusque changement de régime pendant les premiers jours de la captivité.

Quand le Cini meurt, c'est à cette époque ; s'il la franchit, on est alors à peu près assuré de le conserver longtemps (1).

Cette mortalité sévit d'ailleurs plutôt sur les jeunes de l'année (et particulièrement sur ceux de la seconde couvée) que sur les adultes ; mais, je le répète, en s'astreignant aux précautions que je viens d'indiquer, les accidents seront rares.

Sur les vingt-deux Cinis que j'ai pris d'un seul coup de filet en octobre 1873 (et dont la plupart étaient des jeunes de l'année), trois seulement sont morts durant la première semaine de captivité ; les autres ont joui d'une excellente santé jusqu'au jour où je les ai donnés à divers amateurs de Metz, qu'ils charment encore présentement.

(1) En captivité, le Cini meurt presque toujours à un âge respectable et subitement ou après avoir langui deux ou trois jours, de sorte qu'il est très-difficile de spécifier la maladie ou l'accident dont il est victime.

APPENDICE

NOMS QUE PORTE LE CINI DANS LES DIFFÉRENTS PAYS DE L'EUROPE (1)

France.

Nom	Lieu	Auteur
Cini	France.	Toussenel (2).
Serin de Provence		
Serin	Toulon (Var).	Pellicot (3).
Serin jaune	Savoie.	Bailly (4).
Cini		
Serin des montagnes		
Serin	Nice (Alp.-Marit.).	Risso (5).
Serin-Cini	Bouches-du-Rhône	De Villeneuve (6).
Serin-Cigni		
Sérézin	Hérault.	De Serres (7).
Cénil		
Serrézin	Carpentras (Vaucl.)	Merle (de) (8).
Sarazin		
Céni	Isère.	Charvet (9).
Oiseau de Vernes		
Cini	Provence.	Honnorat (10).

(1) Je dois ce curieux chapitre à M. *Eugène Rolland*, qui a bien voulu l'extraire d'un travail de philologie comparée sur les étymologies des noms d'oiseaux, travail destiné à paraître prochainement et qui ne formera pas moins de deux gros volumes in-8°.

(2) *Monde des oiseaux*. Voy. 2ᵉ partie (édition de 1866), p. 175.

(3) *Des oiseaux voyageurs*, etc., déjà cité.

(4) *Ornithologie de la Savoie*, déjà citée.

(5) *Histoire nat. des productions de l'Europe méridionale*, déjà citée.

(6) *Statistique du département des Bouches-du-Rhône*, déjà citée.

(7) *Essai pour servir à l'histoire des animaux du midi de la France*, 1822, in-4.

(8) *Traité de la chasse aux filets*, déjà cité.

(9) *Statistique générale du département de l'Isère*, déjà citée.

(10) *Vocabulaire français-provençal*. Digne, 1848.

Sarazin............. *Sarazinė*............	Gard.	Crespon (1).
Canari bourd......... *Canari de montagne*...	Pyrénées-Orient.	Companyo (2).
Sénic................	Doubs.	Brocard (3).
Senicle...............	Bourgogne.	Mignard (4).
Sénil.................	Tarn.	Gary (5).

Espagne.

Cini..................	En Castillan.	Naceyro (6).
Serin.................	En Galicien.	

Italie.

Raperino............	Pise. Florence. Sienne.	Savi (7).
Siaen................	Gênes.	Anonyme (8).
Canarin de mountagna. *Snis*..................	Piémont.	Bonelli (9).
Rappareddu..........	Sicile.	Benoit (10).
Apparell.............	Malte.	Schembri (11).
Raperino............. *Ziaın*................	Gênes.	Bonaparte (12).
Crespolino..........	Sienne	Savi (13).
Frigorin............ *Verzellino*...........	Venise.	Bonaparte (14).

(1) *Faune meridionale*, déjà citée, et *Ornithologie du Gard*.

(2) *Histoire nat. du département des Pyrénées-Orientales*, déjà citée.

(3) *Catalogue des oiseaux du département du Doubs*, déjà cité.

(4) *Vocabulaire raisonné du dialecte de la province de Bourgogne*, Paris, 1870.

(5) *Dictionnaire patois-français à l'usage du Tarn*, Castres, 1845.

(6) *Catalogo de las aves observadas en las cercanias de Santiago*, etc., déjà cité.

(7) *Ornitologia Toscana*, Pise, 1827-31, in-8°.

(8) *Descrizione di Genova e del Genovesato*, Genova, 1846, in-8°.

(9) *Catalogue des oiseaux du Piémont*, déjà cité. — Sur les bords du lac de *Côme* on le nomme : *Scerzerin*, *Sgarzolin*. — Voy. *Ornitologia Comense*, par Monti, 1845, in-12, p. 28.

(10) Benoit-Luigi. *Ornitologia Siciliana*, Messine, 1840, in-8°.

(11) *Catalogo ornitologico del gruppo di Malta*, déjà cité.

(12) *Iconografia della Fauna Italica*, Rome, 1832, in-4°.

(13) *Ornitologia Toscana*.

(14) *Iconografia*, etc.

Canarin de monti.....	Sardaigne-Sud.	Cara (1).
Canarin agreste.......	Sardaigne-Nord.	
Girlitz..............	Allemagne.	Tous les ornithologistes et les dictionnaires (2).
Hirngrittel...........	Bavière.	Brehm (3).
Hirngritterl..........	Bavière.	Jäckel (4).

Luxembourg.

Giele fluosfénkelchen...	Luxembourg allemand.	De Lafontaine (5).

Autriche.

Hærngril.............	Vienne.	Willughby (6) d'après Gesner.
Hirngrytl.............		

Suisse.

Hirngrill...........	Suisse allemande,	Schinz (7).
Fädemli..............		
Schwäderli...........		

(1) *Elenco degli uccelli che trovansi nell'Isola di Sardegna*, déjà cité.

(2) Naumann, Thienemann, Bædeker, Koch, Meyer, Schäfer, etc., etc.

(3) *Vie des animaux illustrée* (*Oiseaux*), p. 96, vol. 1.

(4) *Verzeichniss der Trivialnamen der Baierischen Vögel.* — Voy. *Naumannia*, année 1853, pp. 391 et suiv.

(5) *Faune du pays de Luxembourg*, déjà citée.

(6) *Ornithologiæ libri tres in quibus Aves omnes hactenus cognitæ in methodum naturis suis convenientem redactæ, accurate describuntur*, etc. London, 1676, in-folio, p. 194, lib. II.

(7) *Fauna Helvetica*, déjà citée.

FIN

TABLE DES MATIÈRES

Préface ....
Le Cini. — Description.. 1
Distribution géographique.. 3
Habitat 16
Nidification. — Reproduction.. 19
Construction du nid.. 19
Le Cini amoureux.. 20
Matériaux qui composent le nid.. 21
Choix de l'emplacement.. 23
Arbres sur lesquels il niche.. 23
Hauteur à laquelle est placé le nid.. 25
Ponte. — Description des œufs.. 25
Nombre des œufs.. 27
Nombre des pontes.. 27
Époque des pontes 28
Comment couve la femelle.. 29
Durée de l'incubation.. 29
Première période de développement des jeunes Cinis...... 30
Deuxième période de développement.. 31
Sortie du nid 32
Nourriture 33
Cri d'appel.. 34
Chant.. 35
Vol.. 36
Migration. — Époque du retour.. 37
Ennemis du Cini.. 41
Durée de la vie 42
Le Cini est-il utile ou nuisible.. 43
Chasse.. 47
Chasse à la glu.. 48
Chasse au filet.. 50
Chasse à la sauterelle.. 52
Le Cini en captivité.. 54
Appendice.. 57

FIN DE LA TABLE DES MATIÈRES.

PARIS. — IMPRIMERIE DE E. MARTINET, RUE MIGNON, 2

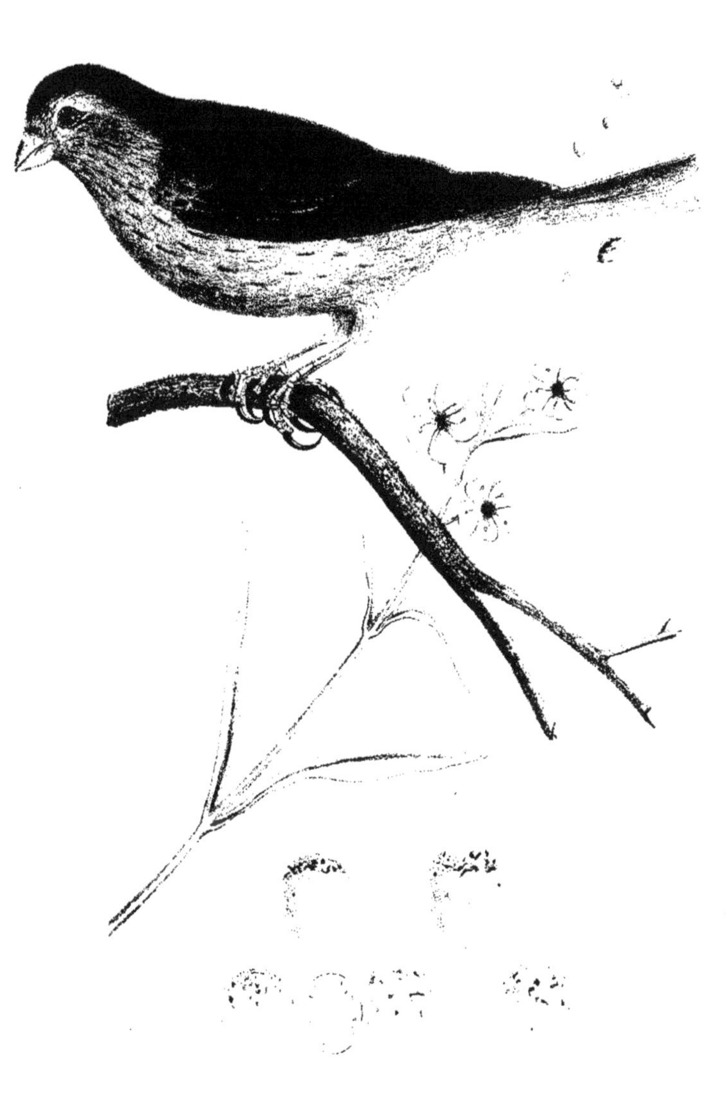

2e série, N° 25. 15 Juin 1875

BULLETIN MENSUEL

DES NOUVELLES PUBLICATIONS DE LA LIBRAIRIE

DE J.-B. BAILLIÈRE ET FILS

Rue Hautefeuille, 19, près le boulevard Saint-Germain, à Paris.

ORNITHOLOGIE EUROPÉENNE

OU

CATALOGUE DESCRIPTIF, ANALYTIQUE ET RAISONNÉ

DES OISEAUX OBSERVÉS EN EUROPE

DEUXIÈME ÉDITION ENTIÈREMENT REFONDUE

PAR

C.-D. DEGLAND et **Z. GERBE**

Membre de la Société des sciences, de l'agriculture et des arts de Lille (Nord), Conservateur du Musée d'histoire naturelle de Lille.

Préparateur du Cours d'Embryogénie comparée du Collége de France, lauréat de l'Institut (Académie des sciences).

2 vol. grand in-8, de chacun 700 pages.

Prix : 24 francs.

L'accueil flatteur fait à l'*Ornithologie européenne*, la rapidité avec laquelle l'ouvrage s'épuisait, avaient déterminé M. Degland à publier un supplément, lorsque la mort est venue l'arrêter dans ses travaux.

M. Gerbe publie non pas le supplément que préparait M. Degland, mais une deuxième édition entièrement refondue.

Sous cette forme, le livre a l'avantage d'être complet et de présenter l'état de la science.

Le premier volume comprend les *Oiseaux de proie* et les *Passereaux*. Le second et dernier volume comprend les *Pigeons*, les *Gallinacés*, les *Échassiers*, les *Palmipèdes*.

Nouveau recueil de planches coloriées d'oiseaux pour servir de suite et de complément aux planches enluminées de Buffon, par M. C.-J. Temminck, directeur du Musée de Leyde, et Meiffren-Laugier, de Paris. *Ouvrage complet* en 102 livraisons. Paris, 1822-1838. 5 vol. grand in-folio, avec 600 planches dessinées d'après nature par Prêtre et Huet, gravées et coloriées. 1000 fr.

Le même, avec 600 planches grand in-4, figures coloriées. 750 fr.

Demi-reliure, dos de maroquin, des 5 vol. grand in-folio. 90 fr.

— — des 5 vol. grand in-4. 60 fr.

Chaque livraison composée de 6 planches gravées et coloriées avec le plus grand soin, et le texte descriptif correspondant.

Prix de la livraison in-folio, figures coloriées, au lieu de 15 fr. 10 fr.

— grand in-4, figures coloriées, au lieu de 10 fr. 50 7 fr. 50

ENVOI FRANCO CONTRE UN MANDAT SUR LA POSTE.

BOITARD et CORBIE. **Les Pigeons de volière et de colombier.** Hist. nat. et monogr. des Pigeons domestiques. Paris, 1824, in-8, avec 25 pl. noires. 15 fr.

BONAPARTE (Ch.-L.). **Iconographie des Pigeons** non figurés par Mme Knip dans les deux volumes de MM. Temminck et Florent Prévost. Ouvrage servant d'illustration à son Histoire naturelle des Pigeons. Paris, 1857. 1 vol. in-fol. avec 56 planches, cart. (225 fr.). 120 fr.

— **Iconographia della Fauna Italica**, per li quatro classi degli animali vertebrati. Roma, 1832-1841, 3 volumes in-folio avec 180 planches coloriées. 400 fr.

— Le même ouvrage, 3 vol. in-fol., avec 180 planches, figures noires. 100 fr.

BONAPARTE (Ch.-L.) et SCHLEGEL. **Monographie des Loxiens**, 1850, 1 vol. in-4, avec 54 planches coloriées. 36 fr.

BONATERE et VIELLOT. **Dictionnaire d'ornithologie de l'Encyclopédie** méthodique. Paris, 1790-1823, 5 vol. in-4, dont 1 de 247 planches. 40 fr.

BOURJOT SAINT-HILAIRE. **Histoire naturelle des Perroquets**, tome III, pour faire suite à la publication de Levaillant, contenant les espèces laissées inédites. Paris, 1835-1839, gr. in-4 avec 111 pl. col., cartonné. 200 fr.

BOWDICH (T.). **An introduction to the Ornithology** of Cuvier. Paris, 1821, gr. in-8 avec 21 planches. 6 fr.

BRANDT (J.-F.). **Descriptiones et icones Avium rossicarum.** Fasc. I. Petropoli, 1836, in-4 avec 6 pl. col. (12 fr.). 9 fr.

BREHM (A.-T.). **Histoire naturelle des oiseaux**, description, mœurs, chasses, combats, captivité, domesticité, acclimatation, usages et produits par A.-E. Brehm. Édition française, revue par Z. Gerbe. Paris, 1871-1872, 2 vol. gr. in-8 de chacun 800 pages avec 428 fig. intercalées dans le texte, et 20 planches hors texte sur papier teinté. Broché. 21 fr.

— Le même, cartonné. 28 fr.

— Le même, relié. 30 fr.

Pour les savants et pour ceux qui se livrent spécialement à l'étude de la zoologie, cet ouvrage sera, grâce au véritable esprit scientifique et à la méthode sévère de l'auteur, un précieux auxiliaire, assez sérieux pour instruire, assez original pour charmer.

Aux praticiens, agriculteurs, industriels, il parlera des soins à donner aux animaux domestiques, de leur élève, de leurs maladies; pour eux, il s'occupera de l'acclimatation et de la domestication des espèces nouvelles, de la destruction des animaux nuisibles, de la protection due aux animaux utiles, de l'emploi des produits qui font la richesse de nos manufactures.

BUFFON. **Histoire naturelle des oiseaux.** Paris, 1771-1786, 10 vol. grand in-4 avec 1008 pl. col. 450 fr.

— **Histoire des oiseaux**, édition augmentée par B.-S. Sonnini. Paris, an X, 28 vol. in-8 avec 256 pl. coloriées. 60 fr.

CUVIER (G.). **Les oiseaux** décrits et figurés d'après la classification de Georges Cuvier mise au courant des progrès de la science. Paris, 1870, 1 vol. in-8, 148 p. et 71 planches, représentant en 464 fig. dessinées d'après nature et gravées sur cuivre les espèces les plus remarquables et les caractères génériques tirés du bec et des pattes, cartonné, fig. noires. 30 fr.

Fig. coloriées. 50 fr.

— **Du canard-pie** a pieds demi-palmés de la Nouvelle-Hollande, in-4 de 5 p. avec 1 pl. 1 fr.

DES MURS (O.). **Traité général d'oologie** ornithologique au point de vue de la classification. Paris, 1860, in-8, 640 pages. 15 fr.

DUBALEN (P.-E.). **Catalogue critique des oiseaux** observés dans les départements des Landes, des Basses-Pyrénées et de la Gironde. Bordeaux, 1872, gr. in-8 de 68 pages. 3 fr.

DU BUS (B.). **Notes sur quelques espèces nouvelles d'oiseaux** d'Amérique. Bruxelles, 1847, in-8 de 8 pages. 50 c.

EDWARDS (Alph. Milne) **Recherches anatomiques et paléontologiques** pour servir à l'histoire des oiseaux fossiles de la France. Paris, 1867-1872. 2 vol. in 4 avec texte et 200 pl. cart. 230 fr.

Ouvrage publié en 42 livraisons.

— **Caractères ostéologiques des principaux groupes de Psittacidés**, gr. in-8, 21 pages, 2 planches. 2 fr.

EDWARDS (G.). **A natural history of Birds.** London, 1743-1751. 4 vol. in-4, reliés avec 210 planches coloriées. 130 fr.

EDWARDS (G.) et CATESBY (M.). **Collection d'oiseaux exotiques** et rares, traduite et augmentée par M. Houttuyn. Amsterdam, 1772-1781, 9 part. en 5 vol. in-fol., avec 473 pl. col. et la description hollandaise. Très-bel exemplaire. 200 fr.

EVANS (P). **L'art de préparer, monter et conserver les oiseaux** ainsi que les papillons et autres insectes. Paris, 1849, in-8, 96 pages. 1 fr. 75

JAUBERT et BARTHÉLEMY-LAPOMERAYE. **Richesses ornithologiques** du Midi de la France. Paris, 1862, in-4, avec 20 pl. col. 35 fr.

LACROIX (A.). **Catalogue raisonné des oiseaux observés dans les Pyrénées françaises et les régions limitrophes**, 1873-1875, in-8, avec 8 planches coloriées. 10 fr.

LA FRESNAYE. **Nouvelle manière de grouper les genres et les espèces** de l'ordre des Passereaux. Falaise, 1838, in-8, 68 p. 2 fr.

— **Sur quelques espèces d'oiseaux nouveaux** ou peu connus du Chili et de la Colombie. 1855, in-8, 5 pages. 50 c.

— **Mélanges ornithologiques**. 1854, in-8, 4 pages. 50 c.

LÉOTAUD (A.). **Oiseaux de l'île de la Trinitad** (Antilles). Port d'Espagne, 1866, gr. in-8 de 572 pages. 10 fr.

Tiré à petit nombre ; n'a jamais été mis dans le commerce.

LESSON (R.-P.). **Histoire naturelle des Oiseaux-Mouches.** 1 vol. gr. in-8, avec 85 pl. coloriées. 40 fr

— **Histoire naturelle des Colibris**, suivie d'un supplément à l'histoire naturelle des Oiseaux-Mouches. Paris, 1831, 1 vol. gr. in-8, avec 65 pl. col. 40 fr.

— **Les Trochilides**, ou les Colibris et les Oiseaux-Mouches, suivi d'un index général, dans lequel sont décrites et classées méthodiquement toutes les races et espèces du genre Trochilus. Paris, 1832, in-8, avec 66 pl. col. 40 fr.

— Le même, imprimé sur papier rose, doubles figures noires sur papier rose et sur chine ; relié, non rogné. 60 fr.

— **Histoire naturelle des Oiseaux** de paradis et des Épimaques. Paris, 1835, in-8, grand papier, 40 pl. col. 40 fr.

— Le même, in-4, fig. col. 50 fr

— **Traité d'ornithologie** ou description des oiseaux réunis dans les principales collections de France. Paris, 1831, 2 vol. in-8, dont 1 de 119 planches, 40 fr.

— **Histoire naturelle des mammifères et des oiseaux.** Paris, 1828-1836, 10 vol. in-8, et atlas de 120 pl., fig. color. 100 fr.

— **Oiseaux du voyage** aux Indes orientales. In-4, 62 p. 10 pl. col. 10 fr

— **Manuel d'Ornithologie** ou description des genres et des principales espèces. 1828, 2 vol. in-18. 7 fr.

— **Genre Todiramphe** et deux espèces qui le composent. Paris, 1827, in-4, 4 pages, 2 planches. 1 fr. 25

LE VAILLANT (Fr.). **Histoire naturelle des perroquets.** Paris, 1801-1805. 2 vol. in-fol. avec 139 pl. color. — Suite par Bourjot Saint-Hilaire, 1835-1839, in-fol. avec 111 pl. color. — Complément par de Souancé, Ch. Bonaparte et E. Blanchard. Paris, 1857, 1 vol. in-f°. avec 48 pl. col. Prix des 4 vol. 600 fr.

— **Histoire naturelle d'une partie d'oiseaux nouveaux et rares** de l'Amérique et des Indes. Paris, 1801. Tome Ier (le seul publié). In-4 de 150 pages avec 49 planches coloriées. 36 fr.

MACGILLIVRAY (W). **Descriptions of the rapacious Birds** of Great Britain. Edinburgh, 1836, in-12, figures. 8 fr.

— **History of British Birds** indigenous and Migratory. London, 1837-1852, 5 vol. in-8, fig. 70 fr.

MALHERBE (Alfred). **Faune ornithologique** de la Sicile. Metz, 1843, in-8. 5 fr.

MARCHAND (Armand). **Catalogue des oiseaux observés dans le département d'Eure-et-Loir**, 1873, gr. in-8, cart. de 50 pages. 6 fr.

MARCHANT (Louis). **Catalogue des oiseaux observés dans le département de la Côte-d'Or.** Dijon, 1869, in-8 de 92 pages. 2 fr.

MULSANT (E), et VERREAUX (J.-E.). **Essai d'une classification méthodique des Trochilidés** ou Oiseaux-Mouches. Paris, 1865, gr. in-8 de 98 p. 3 fr.

PENNETIER. **Le pigeon.** Paris, 1866, in-8 de 32 pages. 1 fr. 25

PUCHERAN. **Mémoire sur les types peu connus de Passereaux** dentirostres de la collection du musée de Paris. Paris, 1855, in-4, de 60 p. et 7 pl. col. 5 fr.

— **Détermination des caractères généraux de la Faune et de la Nouvelle-Guinée** (Oiseaux). In-4, 10 p. 50 c.

— **Rollier d'angole.** 1845, in-8. 50 c.

QUÉPAT (Nérée). **Ornithologie parisienne** ou catalogue des oiseaux sédentaires et de passage qui vivent à l'état sauvage dans l'enceinte de Paris. Paris, 1874, in-18 de 68 pages. 1 fr. 25

RÉAUMUR. **Pratique de l'art de faire éclore et d'élever en toute saison** des oiseaux domestiques de toutes espèces, soit par le moyen de la chaleur du fumier, soit par le moyen de celle du feu ordinaire. 1749, 2 vol. in-12. 7 fr.

ROUX. **Ornithologie provençale**, ou description avec figures coloriées de tous les oiseaux qui habitent constamment la Provence ou qui n'y sont que de passage, par J.-H.-F.-Pol. Roux, conservateur du Musée d'histoire naturelle de Marseille. Marseille. 1825-1829. Ouvrage publié en 56 livraisons in-4, avec 448 planches lithographiées et color. Tome I, 338 pages, et tome II, p. 1 à 48 (tout publié). 250 fr.

SCHLEGEL (H.). **Revue critique des oiseaux d'Europe.** 1844, in-8. 8 fr.

SOUANCÉ (Ch.). **Iconographie des perroquets** non figurés dans les publications de Levaillant et de M. Bourjot Saint-Hilaire, par M. Ch. de Souancé, avec la coopération de S. A. le prince Bonaparte et de M. Émile Blanchard (de l'Institut). Paris, 1857, in-folio, avec 48 pl. coloriées (192 fr.). 120 fr.

— Le même, 1 vol. in-4, planches color., cart. (156 fr.). 70 fr.

— **Catalogue des perroquets** de la collection du prince Masséna d'Essling, duc de Rivoli. Paris, 1856. in-8 de 32 pages. 1 fr.

TEMMINCK (C.-J.). **Manuel d'ornithologie**, ou tableau systématique des oiseaux qui se trouvent en Europe, précédé du système général d'ornithologie ; 2e édition. Paris, 1820-1840, 4 vol. in-8. 45 fr.

— Le même, séparément, tomes III, et IV. Prix de chaque. 7 fr. 50

— **Observations sur la classification méthodique des oiseaux**, et des remarques sur l'analyse d'une nouvelle ornithologie élémentaire, par L.-P. Vieillot. Amsterdam, 1817, in-8. 1 fr.

— **Catalogue systématique du cabinet d'ornithologie** et de la collection de quadrumanes avec une description des oiseaux non décrits. 1807, in-8, 310 p. 2 fr.

— **Histoire naturelle des pigeons** et des Gallinacés. Amsterdam, 1813-1818, 3 vol. in-8, avec 10 planches. 35 fr.

TEMMINCK (C.-J.) et KNIP. **Histoire naturelle générale des Pigeons**, décrits par Temminck avec figures dessinées et coloriées d'après nature par madame Knip. Paris, 1808-1811, gr. in-folio avec 86 planches. 200 fr.

VINCELOT. **Les noms des oiseaux** expliqués par leurs mœurs. Angers, 1870, gr. in-8 de 80 pages avec figures dans le texte. 2 fr. 50

WILLUGHBY. **Ornithologiæ libri tres.** Londini, 1676, in-folio, avec 77 pl., relié. 16 fr.

ZINANI. **Delle Uovi e dei nidi degli Uccelli.** Venezia, 1737, in-4, avec 30 planches. 8 fr.

Paris. — Imprimerie de E. Martinet, rue Mignon, 2.

www.ingramcontent.com/pod-product-compliance
Ingram Content Group UK Ltd.
Pitfield, Milton Keynes, MK11 3LW, UK
UKHW022122260726
13993UKWH00003B/1171